수학이 풀리는 수학사

1 고대

수학이 풀리는 수학사
1 고대
김리나 지음
수와 도형 × 세계에서 가장 오래된 공용어
곰곰

나의 든든한 버팀목이 되어주시는 어머니,

인생의 동반자인 남편과 소중한 선물 송하에게

수학이 즐거워지는 수학사 공부

《수학이 풀리는 수학사》는 여러분이 수학을 공부하면서 항상 궁금해하는 다음 두 질문에서 시작합니다.

'수학은 왜 배워야 할까?'

'수학을 잘한다는 것은 무슨 의미일까?'

이 책은 두 질문의 답을 역사 속에서 찾습니다.

수학은 왜 배워야 할까요?

수학을 어려워하는 학생에게 수학 학습이 힘든 이유를 물으면 많은 학생이 '왜 배워야 하는지 모르겠어요'라고 대답합니다. 방정식, 함수, 그래프 등 수학의 개념들은 이해하기도 어려울뿐더러 힘들게 배워도 우리가 살아가는 데 별 필요가 없는 것처럼 느껴지기 때문이겠지요.

하지만 수학의 개념, 원리, 법칙 들은 우리가 살아가는 세상과 밀접한 관련이 있습니다. 또 모든 수학의 개념, 원리, 법칙 들이 만들어진 데에는 역사적·수학적·과학적 배경이 있지요. 우리가 수학을 왜 배워야 하는지 모르는 이유는 이러한 배경에 대한 이해 없이 만들어진 결과만을 배우려고 하기 때문이에요. 수학은 살아가면서 생겨나는 여러 가지 문제를 해결하기 위해, 예컨대 전염병을 막거나 전쟁에서 승리하기 위해, 넓은 우주를 이해하기 위해 다양하게 발전해왔습니다.

《수학이 풀리는 수학사》는 수학이 만들어진 배경에 관한 이야기를 담고 있습니다. 고대부터 중세와 근대를 지나 지금에 이르기까지, 역사의 흐름 속에서 수학이 어떻게 만들어지고 사회를 변화시켰는지를 설명하지요. 그 안에서 만들어진 수학 개념들이 이후 어떻게 확장되어 현재에 이르렀는지에 대한 보충 설명과 함께 말이에요. 여러분은《수학이 풀리는 수학사》를 통해 수학이 어떻게 만들어졌고, 우리의 생활을 어떻게 변화시켰는지를 확인하면서 수학을 배워야 할 필요성을 이해할 수 있을 거예요.

그렇다면 수학을 잘한다는 것은 무슨 의미일까요?

수학을 잘하기 위해서는 수학의 개념, 원리, 법칙 들을 잘 이해해야 합니다. 그런데 수학 시험에서 100점을 받는다고 해서 그 사람이 수학을 잘한다고 할 수 있을까요? 그렇다면 세계에서 수학을 가장 잘하는 사람은 가장 어려운 문제를 푸는 사람일까요?

수학자들은 수학의 개념, 원리, 법칙 들을 활용해 새로운 문제 풀이 방법을 만들거나 새로운 개념, 원리, 법칙 들을 만듭니다. 새로운 수학적 방법과 개념을 만들어내는 것은 수학의 정의를 암기하고 수학 문제를 열심히 푼다고 해서 기를 수 있는 능력이 아니에요. 내 주변 생활, 나아가 우리 사회가 어떤 문제점을 가지고 있으며 이 문제점을 수학적으로 어떻게 해결할 수 있는지에 대한 안목이 있어야 하지요. 따라서 수학을 잘하기 위해서는 수학의 개념, 원리, 법칙 들을 이해할 뿐 아니라 우리가 살아가는 사회의 현상들과 그 문제점을 파악할 수 있어야 합니다. 이 책은 수학자들이 수학으로 이 세상을 변화시킨 과정을 소개합니다. 흥미진진한 역사 속 수학 이야기들을 통해 여러분은 수학을 잘한다는 것이 무슨 의미인지를 이해할 수 있답니다.

수학은 교과서에 있는 기호와 공식이 아닙니다. 역사와 사회, 우리의 생활 속에서 살아 숨 쉬는 중요한 원리이지요.《수학이 풀리는 수학사》를 통해 수학을 새롭게 발견해나가는 탐구의 기쁨을 경험할 수 있기를 기대합니다.

2021년 3월

김리나

차례

머리말 **수학이 즐거워지는 수학사 공부 · 7**

프롤로그 · 14

1	**수의 발달**	**17**
	숫자는 어떻게 만들어졌을까?	

인류가 처음 사용한 수 **21** | 동물 뼈에 새긴 눈금 **23** | 손가락 숫자 **24** | 매듭으로 수를 나타낸 잉카 사람들 **25** | 기수법의 사용 **28** | 20진법을 사용한 마야 문명 **30** | 놀라운 발명, 인도-아라비아 숫자 **38** | 성스러운 우물 **40**

2	**바빌로니아 수학**	**43**
	바빌로니아에서는 왜 60진법을 사용했을까?	

세계 4대 문명의 발달 **47** | 바빌로니아의 쐐기 문자 **49** | 바빌로니아의 숫자 **51** | 시계 속에 숨어 있는 60진법 **54** | 바빌로니아마일과 원의 중심각 **55** | 바빌로니아 사람들의 피타고라스 정리 **56** | 바빌로니아의 달력 **58** | 피타고라스 정리의 증명 **60** | 역사 속으로 사라진 바빌로니아 **62**

3 **이집트 수학 1** 65

가장 오래된 수학 책에는 어떤 문제가 실려 있을까?

사막 속의 대제국, 이집트 69 | 나일강의 축복 71 | 이집트의 상형 문자 72 | 이집트에서 사용한 숫자 75 | 이집트의 종이, 파피루스 78 | 절대 권력을 가진 이집트 서기관 79 | 가장 오래된 수학 책, 《린드 파피루스》 81 | 파피루스 만드는 법 82 | 이집트의 곱셈 방법 85 | 이집트의 나눗셈 방법 86 | 이집트 사람들이 구한 원주율 88

4 **이집트 수학 2** 91

이집트 유물에 숨겨진 수학적 원리는 무엇일까?

이집트의 분수 95 | 단위 분수로 만든 호루스 신화 96 | 79번 문제의 진실 99 | 《모스크바 파피루스》의 14번 문제 101 | 왕의 무덤, 피라미드 103 | 파라오의 장례 105 | 기자의 피라미드 106 | 투탕카멘의 황금 가면 110 | 좌우 대칭을 이루는 정교한 왕의 유물들 111 | 원과 사다리꼴을 응용한 디자인 113

5	**그리스 수학 1**	**117**
	그리스 수학은 이집트 수학과 어떻게 달랐을까?	

그리스 문명의 기반이 된 에게 문명 121 | 그리스 문화를 꽃피운 에게 문명 122 | 그리스 문명의 발달 123 | 암호처럼 복잡한 그리스 수 체계 125 | 최초의 수학자, 탈레스 126 | 고대 그리스의 문제 해결사 130 | 수학의 체계를 세운 피타고라스 133 | 수의 신비를 믿었던 피타고라스학파 135 | 도형으로 수를 만들다 136 | 수학으로 음악을 만들다 139 | 무리수의 비밀을 지켜라 140

6	**그리스 수학 2**	**143**
	유클리드의 수학 책이 지금까지 인정받는 이유는 무엇일까?	

모든 수학자는 아테네로 147 | 펠로폰네소스 전쟁과 수학의 위기 148 | 기하학을 모르는 자, 이 문 안으로 들어오지 말라 148 | 아무도 풀지 못한 수학 문제 150 | 알렉산드리아의 건설 153 | 기하학을 완성한 유클리드 156 | 최고의 수학 교과서, 《원론》 157 | 비례를 중요시한 그리스 미술 160 | 황금비로 만든 파르테논 신전 161 | 그리스 남자들은 옷을 입지 않았을까? 165

7	그리스 수학 3	167
	아르키메데스는 어떻게 부피를 구했을까?	

천재 발명가 아르키메데스 171 | 원주율과 넓이·부피의 근삿값을 구한 아르키메데스 173 | 우주를 다 채우려면 모래알이 얼마나 필요할까? 176 | 에라토스테네스의 체 177 | 벌거벗은 과학자 178 | 지구의 둘레를 계산한 에라토스테네스 179 | 만물박사 헤론 181 | 헤론의 공식 183 | 수학 기호를 만든 디오판토스 185 | 묘비에 새긴 수학 문제 187 | 최초의 여성 수학자, 히파티아 188 | 그리스 수학의 종말 190

프롤로그

《수학이 풀리는 수학사 1 고대》는 인류 문명의 탄생과 함께 시작된 수학의 세계를 살펴본다. 특히 지금 우리가 사용하는 수학의 기초를 수립한 유럽 사회, 즉 기원전 4000년부터 기원전 3000년 사이에 발달한 최초 인류 문명의 발생지 중 나일강 주변의 이집트 문명, 티그리스강 · 유프라테스강 유역의 메소포타미아 문명을 중심으로 고대 그리스의 유적과 그 안에 담긴 수학적 원리를 살펴본다.

사람들이 모여 사회를 이루면서 고대 문명이 시작되었다. 수학은 사회가 형성되고 유지되기 위해 필요한 것이다. 내가 가진 물건의 개수를 파악할 때, 물건을 사고팔 때, 집을 짓거나 마차를 만들 때, 내가 가진 땅의 넓이를 확인할 때처럼 사람들이 함께 살아가는 모든 순간에 수학이 필요하다.

《수학이 풀리는 수학사 1 고대》는 고대 문명에서 최초의 수학적 개념이 탄생하고 발전해나가는 과정을 담고 있다. 수학의 발전 과정을 살펴보면서 수학이 왜 필요한지, 수학적으로 생각한다는 것의 의미는 무엇인지를 알아본다.

1

수의 발달

숫자는
어떻게
만들어졌을까?

세계 여러 나라에는 각기 다른 말과 글이 있지? 우리나라에서는 한글을 쓰고, 미국에서는 영어를 쓰는 것처럼 말이야. 숫자도 처음에는 나라마다 쓰는 방법이 달랐어. 로마에서는 Ⅰ, Ⅱ, Ⅲ, Ⅳ… 중국에서는 一, 二, 三, 四…로 쓰는 것처럼 세계의 여러 나라는 고유한 숫자를 가지고 있었단다.

그런데 신기하게도 지금은 전 세계 어디를 가나 1, 2, 3과 같은 아라비아 숫자를 쓰고 있어. 읽는 방법은 서로 다르지만 말이야. 나라마다 고유의 말과 글을 쓰면서도 숫자만은 모두 아라비아 숫자를 쓰는 이유는 뭘까? 그리고 아라비아 숫자는 어떻게 생겨났을까?

지금부터 수가 어떻게 생겨났고, 어떤 형태를 거쳐서 전 세계 사람들이 오늘날의 아라비아 숫자를 쓰게 되었는지 그 과정을 알아보려고 해. 수의 발달에 관해 알려면 인류가 지구상에 처음 등장했던 원시 시대부터 살펴봐야 하겠지. 그럼 최초의 수를 찾아 원시 시대로 떠나보자.

인류가 처음 사용한 수

원시 시대란 인류가 역사를 기록하기 이전의 시간을 통틀어 일컫는 말이다. 원시 시대는 다시 사람들이 사용한 도구에 따라서 돌을 주로 사용한 석기 시대, 청동을 사용한 청동기 시대, 철을 사용한 철기 시대로 나뉜다.

주로 돌을 이용해 도구를 만들었던 석기 시대는 또 사람들의 생활 방식에 따라 구석기 시대와 신석기 시대로 구분한다.● 구석기 시대는 약 70만 년 전에서 1만 년 전에 해당하는 시기다. 이 시대의 사람들은 동굴에 살면서 주변의 동물을 잡아먹거나 열매를 따 먹는 수렵과 채집 생활을 했다. 그러다 더 이상 먹을 것이 없으면 먹을 것이 풍부한 곳을 찾아 떠돌아다녔다. 구석기 시대 사람들은 말도, 글도 제대로 사용할 줄 몰랐지만 '많다', '적다', '줄어들다', '늘어나다' 같은 간단한 수 감각은 가지고 있었던 것으로 추측된다. 그래서 먹을 것이 떨어지면 새로운 먹을거리를 찾아 이동했다.

오랜 시간이 흘러 사람들은 도구를 사용해 농사짓는 법을 알게

● 구석기 시대에 사용된 도구는 돌을 깨뜨려 만든 뗀석기로, 주로 동물의 가죽을 벗기거나 나무를 다듬는 데 썼다. 신석기 시대에는 돌을 깨뜨리는 데서 나아가 돌을 갈아서 만든 간석기를 사용했다. 간석기는 날이 예리하고 훨씬 정교했다. 또한 신석기 시대에는 농사를 짓기 시작하면서 곡식을 저장하는 토기와 곡식의 껍질을 벗기거나 가루를 내는 갈돌과 갈판 등의 도구를 사용했다

되었다. 또한 매번 동물을 사냥하는 것보다 가축을 기르는 일이 훨씬 효율적인 방법이라는 사실을 깨달았다. 사람들은 농사와 목축에 유리한 땅을 찾다가 쉽게 물을 구할 수 있는 강가 주변에 정착했다. 이때를 신석기 시대라고 하는데, 약 1만 년 전에서 기원전 3000년 정도에 해당하는 시기다.

사람들이 한곳에 모여 살고 사회가 점점 발전함에 따라 간단한 수가 필요하게 되었다. 예를 들면 가축을 기를 때는 자신의 가축이 몇 마리인지, 다른 부족과 싸울 때는 자기편 부족과 상대편 부족의 수가 얼마나 되는지를 알아야 유리했다.

지금이야 간단히 1, 2, 3이라고 숫자로 쓰면 되지만, 원시 시대 사람들은 숫자 쓰는 법을 몰랐다. 당연히 종이와 연필도 없었다. 그래서 원시 시대 사람들은 일대일 대응을 통해 간단한 방법으로 수를 표시했다. 일대일 대응이란, 말하자면 양 한 마리당 돌멩이나 나뭇가지 하나씩을 가져다놓고 수를 나타내는 방법이다. 양의 마릿수만큼 돌멩이나 나뭇가지를 모아서 수를 표현했던 것이다.

그런데 돌멩이나 나뭇가지를 모아놓는 것으로는 수를 표현하기가 생각만큼 쉽지 않았다. 그것들은 워낙 흔해서 주변 사물들과 구별이 쉽지 않았고, 오랫동안 수를 기록하기도 어려웠다. 그래서 원시 시대 사람들은 오랫동안 수를 기록할 다른 방법을 생각해내야 했다.

동물 뼈에 새긴 눈금

1950년 아프리카 콩고의 에드워드 호숫가 근처에 있는 이상고라는 곳에서 오래된 동물의 뼈가 발견되었다. '이상고의 뼈'라고 불리는 이 동물 뼈에는 날카로운 것으로 새긴 듯한 눈금들이 있는데, 원시 시대 사람들이 뼈에 눈금을 새겨서 수를 기록했다는 사실을 보여주는 것이다. 이와 비슷하게 눈금이 새겨진 동물 뼈가 세계 여러 곳에서 발견되고 있다.

이상고의 뼈 눈금이 새겨져 있는 동물의 뼈로, 눈금은 숫자를 나타낸다. 예를 들어 19개의 눈금이 있으면 숫자 19를 의미하는 것이다. 콩고의 이상고에서 발견되어 '이상고의 뼈'라고 부른다.

손가락 숫자

하지만 동물 뼈에 눈금을 새기는 방법으로는 큰 수를 나타내기가 어려웠다. 예를 들어 1000이라는 수를 나타내기 위해 동물 뼈에 1000개의 눈금을 새긴다고 생각해보자. 아마 눈금을 새기다가 몇 개를 새겼는지 헷갈려서 처음으로 다시 돌아가는 일이 허다할 것이다.

그래서 원시 시대에는 손가락으로 수를 나타내는 방법을 고안해 사용하기도 했다. 숫자를 읽고 쓰지 못하는 어린아이들이 1부터 10까지의 수를 셀 때 종종 손가락을 하나씩 접거나 펴는 모습을 볼 수 있을 것이다. 원시 시대 사람들도 이 같은 방법에서 아이디어를 얻어 손가락을 접는 모양에 따라 여러 가지 숫자를 나타내는 기호

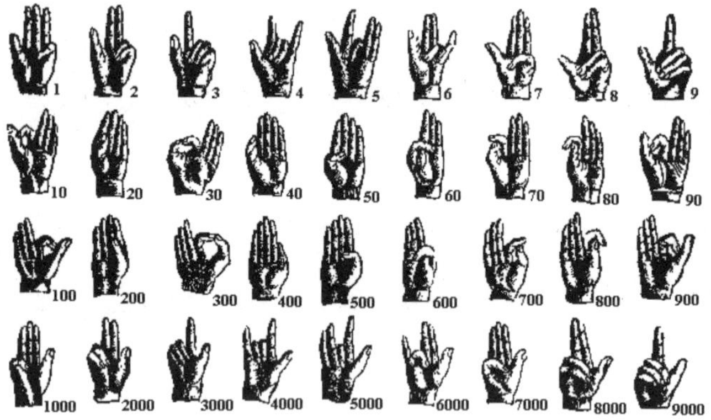

수를 나타내는 손가락 모양 그림과 같은 모양으로 손가락을 이용해 1부터 1000 단위의 수까지를 나타냈다.

를 만들었다.

원시 시대 사람들은 양손 손가락의 모양에 따라 각각의 숫자를 정하기도 했다. 그중 왼손으로는 1 단위와 10 단위의 작은 수를 나타냈고, 오른손으로는 100 단위와 1000 단위의 큰 수를 나타냈다.

그러나 덧셈이나 뺄셈과 같은 계산을 하기에는 곤란했다. 오랫동안 기록을 남기는 것도 불가능했다. 원시 시대 사람들은 이러한 불편함을 해결하기 위해 계속 다른 방식으로 수를 표현하는 방법을 발전시켜나갔다. 그 결과 고대의 여러 나라가 각각의 수 체계를 갖게 되었다. 색실에 매듭을 지어 수를 표현한 잉카 사람들도 그 가운데 하나다.

매듭으로 수를 나타낸 잉카 사람들

잉카 제국은 15세기부터 16세기 초까지 남아메리카 안데스 지대의 페루를 중심으로 지금의 아르헨티나, 볼리비아, 칠레, 에콰도르의 영토에 걸쳐 번성했던 나라다. 평온한 성격의 잉카 사람들은 '케추아(Quechua)어'라는 언어를 만들어 사용하며 발달된 도로를 이용해 거대 제국을 건설했다. 금을 녹여 아름답게 세공하는 기술이 뛰어났던 잉카 제국은 황금의 도시로도 널리 알려져 있다.

그러나 잉카 사람들은 많은 금과 잘 정비된 도로를 갖추고 있었

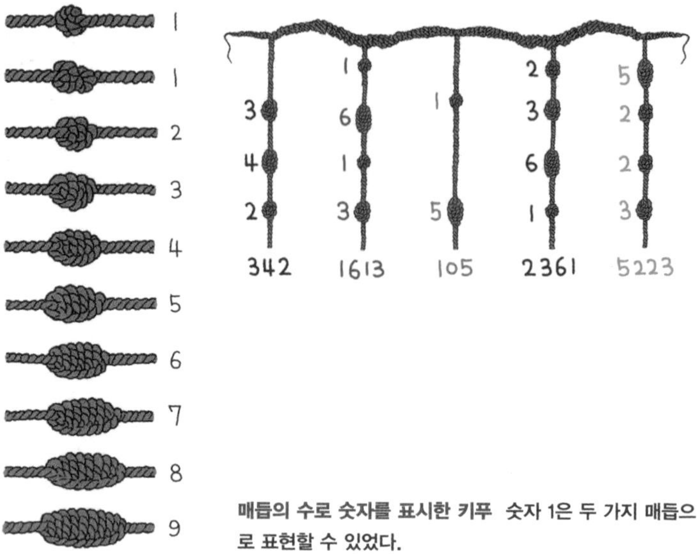

매듭의 수로 숫자를 표시한 키푸 숫자 1은 두 가지 매듭으로 표현할 수 있었다.

음에도 말이 끄는 마차나 바퀴 달린 이동 수단을 만들 생각은 하지 못했다. 멀리 떨어진 지역에 소식을 전하기 위해 우리가 운동회에서 이어달리기를 하는 것처럼 사람들이 직접 달려가 편지를 배달하곤 했다.

잉카 사람들에게는 말이 있었지만 글은 없었다. 그래서 그들은 정확한 기록을 남길 수 있는 방법을 찾아야 했다. 그들이 찾은 방법은 바로 색실에 매듭을 지어 의미를 전달하는 '키푸(quipu)'라는 결승 문자●였다.

키푸는 양털이나 솜으로 만든 1미터 정도 길이의 굵은 끈에 여

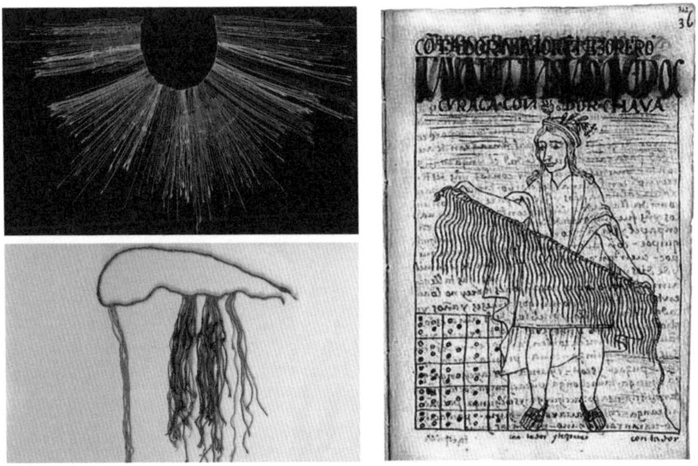

다양한 키푸의 모습 잉카 사람들은 키푸 매듭의 색깔이나 모양 등을 이용해 기본적인 수 개념 외에도 다양한 의미를 기록했다. 오른쪽은 17세기 그림 속에 남아 있는 키푸의 모습이다.

러 가닥의 또 다른 끈을 매달고, 여기에 다시 색실을 엮어서 숫자와 여러 가지 정보를 나타내는 방법이다. 키푸에서는 숫자를 나타내기 위해 매듭의 크기를 이용했다. 매듭의 크기가 클수록 큰 수를 의미했다. 숫자를 읽을 때에는 색실의 위에서부터 읽어 내려온다. 예를 들어 실 한 가닥에 매듭이 위쪽부터 5, 2, 2, 3과 같이 묶여 있다면 5223이 된다.

● 결승 문자란 새끼줄이나 띠 따위에 매듭을 지어 기호로 삼은 문자다. 고대 중국을 비롯해 잉카 제국, 아프리카 등에서 사용되었다.

그 밖의 정보들은 실의 색깔과 길이, 위치 등을 달리해 나타냈다고 한다. 예를 들어 빨강이면 군대, 노랑·초록·흰색이면 각각 금·은·곡물을 의미했다.

그런데 이렇게 실로 숫자와 글을 표현하는 것은 잉카 사람들에게 너무나 어려운 일이었다. 그래서 잉카 제국의 수도인 쿠스코에 위치한 학교에서 훈련받은 전문가들만이 키푸를 만들 수 있었다. 키푸는 매우 복잡하고 정교해서 지금의 암호 해독가와 수학자들도 그 뜻을 완전히 알아내지 못하고 있다.

기수법의 사용

부족의 규모가 커지고 사회가 복잡해지면서 수를 쓰는 방법에 대한 관심도 높아져갔다. 장사나 계산을 할 때마다 동물 뼈에 눈금을 새기거나 색실을 묶어 수를 표시하는 것은 불편했기 때문이다.

사람들은 비교적 편리한 수 묶음을 만들어 수를 표현하기 시작했다. 막대기 한 개당 물건 하나를 나타내는 것으로 정하고, 막대기 10개를 다 채우면 '*'라는 기호로 표시했다. 그냥 10이라고 쓰면 편리하겠지만, 이 시기에는 지금 우리가 사용하는 1, 2, 3…과 같은 아라비아 숫자가 없었다. 아라비아 숫자가 본격적으로 사용된 것은 1400년경이다.

그렇다면 당시에는 양 26마리를 어떻게 나타냈을까? 이 양들을 손가락으로 표현하려면 26개의 손가락이 필요하다. 당시에는 사람의 열 손가락으로 나타낼 수 있는 양의 수를 *로 두 번 표시하고, 나머지 6개는 손가락과 비슷하게 생긴 막대기 6개로 표시했다.

여기에서 기본적으로 사용되는 수 단위는 무엇일까? 바로 10이다. 10마다 *로 나타내므로 10을 기본적인 수, 즉 기수(基數)라고 할 수 있다. 사람의 양 손가락을 합치면 10개이므로, 기수가 10이 된 것이다.

이렇게 우리가 사용하는 수에는 수가 만들어지는 과정이 그대로 반영되어 있다. 1, 2, 3… 10은 일, 이, 삼… 십과 같은 개별적인 이름을 갖고 있다. 그런데 11부터는 십일, 십이, 십삼…과 같이 비슷한 패턴이 나타나게 된다. 십일은 10과 1이 있다는 뜻이고, 십이는

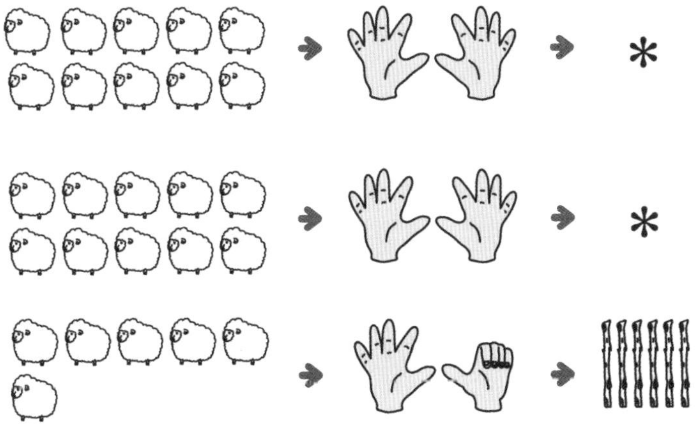

10과 2라는 뜻이다. 20부터는 설명하지 않아도 알 수 있을 것이다.

물론 원시 시대의 모든 사람이 10을 기수로 사용한 것은 아니다. 한 손의 손가락 수인 5가 기수인 곳도 있었고, 때로는 2, 3, 4, 6 등 다양한 수가 기수로 사용되었다.

20을 기수로 사용한 흔적도 찾아볼 수 있는데, 아마 손가락과 발가락의 수를 모두 더해 20이라는 기수를 만들었으리라고 추측된다. 20진법을 사용한 고대 사람들의 흔적 가운데 가장 눈에 띄는 것은 마야 문명이다. 마야는 멸망해 지금은 유물밖에 남아 있지 않지만 한때 찬란한 문화를 꽃피웠던 나라다.

20진법을 사용한 마야 문명

마야는 중앙아메리카에 위치했던 왕국으로, 15세기경 에스파냐의 침략으로 멸망하기 전까지 거대한 문명을 이룩했다. 마야 문명은 1839년에 발견되어 1842년에 세상에 알려졌다. 즉, 고대 마야 문명이 세상에 모습을 보인 것은 불과 200년도 채 되지 않는다.

마야 문명이 세계에 처음 소개되었을 때 사람들은 그것을 믿지 않았다. 역사적으로 위대한 문명들은 큰 강을 중심으로 발달한 데 반해, 마야 문명은 울창한 밀림 지대에서 번성했기 때문이다. 더구나 이집트의 피라미드처럼 거대한 피라미드가 그보다 훨씬 이전에

티칼의 피라미드 마야 사람들은 도시마다 다른 모양의 피라미드를 세웠다. 이 피라미드는 천체를 관측하고, 천체의 시간을 측정하는 용도로 지어졌다.

만들어졌다는 사실도 믿을 수가 없었다.

하지만 역사학자들이 밤낮없이 유물의 발굴에 매달리면서 오랫동안 잠들어 있던 마야 문명의 실체가 조금씩 모습을 드러냈고, 마야 문명은 세계의 놀라운 문명 중 하나로 인정받게 되었다. 이 지역에서는 지금도 여전히 많은 유물이 발굴되고 있다.

마야 문명은 에스파냐의 침략으로 멸망할 당시에 거의 모든 건축물과 문화재가 파괴되었다. 심지어 에스파냐 군대는 마야 사람들 대부분을 죽이고, 그들의 책도 모조리 불태웠다. 당시 유럽 사람들은 종교를 매우 중요하게 여겨 다른 종교를 믿는 마야 사람들을 인정하지 않았기 때문이다.

다행히도 마야 사람들은 일정한 시간이 지나면 살던 도시를 버리고 새로운 땅으로 옮겨가 다시 도시를 세우곤 했다. 왜 그렇게 계속 옮겨 다녔는지는 뒤에서 다시 설명하기로 한다. 아무튼 이러한 마야 사람들의 습성 덕분에 에스파냐에 점령당하기 전에 세운 도시들이 아직도 곳곳에 남아 마야 문명의 흔적을 보여주고 있다.

이 유적지들에서 마야의 글과 숫자가 적힌 책 4권이 발굴되었다. 처음 책을 찾아냈을 때, 그 책을 읽을 수 있는 사람은 아무도 없었다. 오래전에 사라진 왕국 마야의 글은 마치 암호처럼 보였다.

놀랍게도 마야의 문자를 해독한 사람은 1975년 당시 아홉 살이던 데이비드 스튜어트라는 소년이다. 데이비드는 마야 문명의 발굴단원이었던 아버지를 따라 발굴 현장에 가게 되었다. 아버지는 장

마야의 상형 문자 멕시코 박물관에 보관되어 있는 마야의 글자판이다. 1970~1980년대부터 활발한 해독 작업이 이루어지면서 지금은 거의 모든 마야 문자의 뜻이 밝혀졌다.

난삼아 데이비드에게 마야의 글이 적힌 돌조각을 주면서 무슨 뜻인지 해독해보라고 했다. 아버지는 당연히 아이가 해독하지 못할 것이라고 생각했을 것이다.

그런데 얼마 지나지 않아 데이비드가 돌을 가지고 와서 "683년 스네이크 재규어 왕이 즉위했다"라고 해독하자 사람들은 깜짝 놀랐다. 이후 데이비드는 열두 살에 첫 논문을 발표하고, 프린스턴 대학을 거쳐 현재 텍사스 대학에서 마야 문명을 연구하고 있다. 데이비드를 비롯한 여러 역사학자의 노력으로 마야 문명의 놀라운 비밀이 조금씩 모습을 드러내기 시작했다.

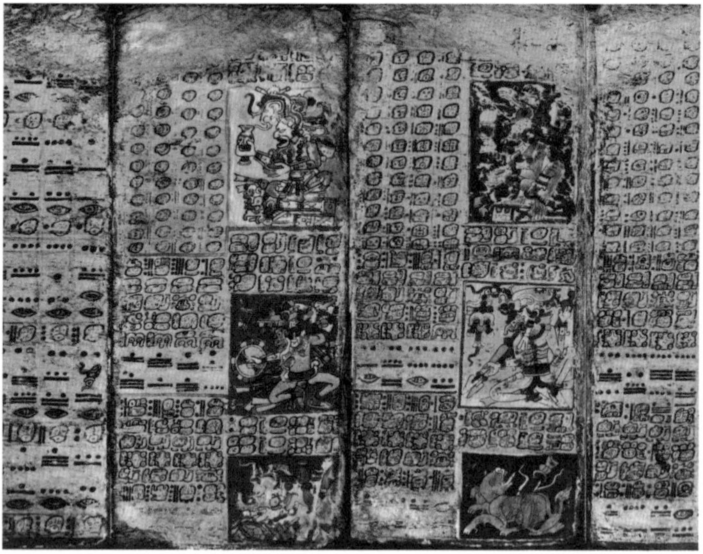

마야의 달력인 《드레스덴 고사본》 4권의 마야 고사본 가운데 하나로 마야 문자와 숫자를 확인할 수 있다. 독일의 작센 주립 도서관에 보관되어 있다.

마야 문명에서 가장 뛰어난 것은 수학과 천문학이다. 앞에서 이야기했듯이 그들이 20진법을 사용한 점도 우수하지만, 최초로 0을 사용한 문명이라는 점은 더욱 놀랍다. 마야 문명을 파괴한 에스파냐가 속한 서양에서도 1600년대까지 0의 개념이 없었다. 아라비아 숫자가 서양에 전해지면서 0도 함께 알려진 것이다. 그러므로 원시 열대 밀림의 문명에서 0을 만들어 사용했다는 것은 정말 대단한 일이다.

그럼, 본격적으로 마야의 숫자에 대해 살펴보자.

마야 숫자에서 1은 •으로 나타내고, 5는 ──로 나타내며, 0은 로 나타낸다. 1부터 25까지의 수를 마야 숫자로 쓴다면 아래 표와 같다.

이 가운데 1부터 20까지의 수를 살펴보자. 마야의 숫자는 20진법이기 때문에 19까지의 수를 만든 뒤, 20부터는 다시 1에서 사용한 점(•)을 사용하고 있다. 그런데 만일 점만 사용한다면 1과 20을 구분하기 어렵기 때문에 아래에 를 붙여서 구분했다. 지금 우리가 사용하는 0과는 조금 다르다. 지금의 0은 자릿값을 나타내지만, 마야에서의 0은 단순히 없음을 나타내는 표시였다.

마야 사람들은 앞에서 살펴본 것과 같이 동물 뼈에 눈금을 새기거나 색실을 묶는 방법보다 훨씬 간편하게 수를 표현할 수 있었다. 그 결과 다양한 계산이 가능했다. 마야 사람들은 이러한 수 체계를 바탕으로 수학은 물론 하늘에 떠 있는 별의 움직임을 관측하는 천문학도 발전시킬 수 있었다.

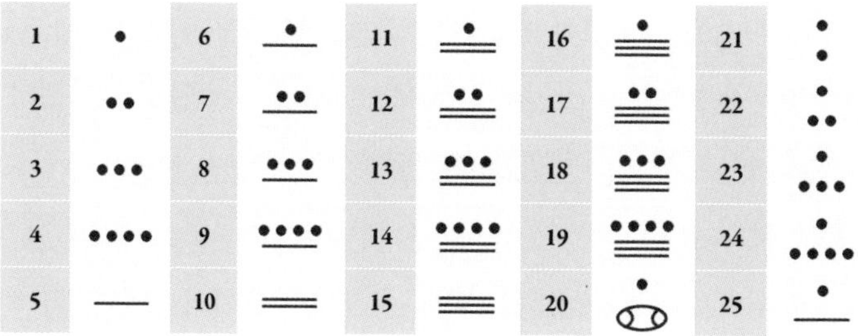

마야의 숫자.

마야 사람들은 1년을 365.2420일로 계산했다. 이는 오늘날의 365.2422일과 비교했을 때 큰 차이가 없다. 많은 사람이 1년은 365일이라고 알고 있지만 이것은 정확한 계산이 아니다. 0.2422일(약 6시간)을 날짜로 계산하기 어렵기 때문에 1년을 365일이라 두고 0.2422일이 모여 약 하루가 되는 4년마다 하루를 늘리기로 한 것이다. 이것이 4년마다 2월이 29일까지 있는 이유다. 1년을 나타내는 365.2420일은 지구가 태양을 한 바퀴 도는 데 걸리는 시간이다. 마야 사람들은 발달된 천문학과 정확한 계산을 바탕으로 1년의 길이를 알았고, 이것을 기초로 달력을 만들어 사용했다.

마야의 달력은 오늘날의 달력과 전혀 다른 형태였다. 마야의 달력은 원의 바깥쪽에 있는 20개의 그림과 안쪽에 있는 13개의 기호가 만나서 총 260가지 짝을 만들었다. 마야 사람들은 이러한 달력을 '촐킨(tzolkin)'이라고 불렀는데, 260일은 신들이 지배하는 세상의 신성한 날짜를 뜻했다.

그러나 마야 사람들이 실제 생활에서 사용했던 '하브(haab)'라는 달력은 19개월을 상징하는 19개의 그림으로 이루어져 있었다. 마야 사람들은 1개월을 20일로 생각해 18개월을 360일로 계산했다. 그리고 5일로 구성된 1개월을 더 만들어 1년을 총 19개월, 365일로 만들어 사용했다.

촐킨과 하브가 똑같이 1월 1일에 시작해도 촐킨의 일수가 더 적기 때문에 두 달력의 새해 첫날은 계속 다를 수밖에 없다. 그러다

촐킨(왼쪽)과 하브(오른쪽)
마야에서는 종교적인 촐킨과 태양력의 하브, 2개의 달력을 함께 사용했다.

가 다시 똑같이 시작하는 날이 있는데, 그날은 260과 365의 최소 공배수●를 구하면 알 수 있다. 이를 계산해보면 1만 8980일 뒤에 똑같이 1월 1일에 만나게 되는데, 마야 사람들이 실제로 사용한 하브 달력으로는 1만 8980일이 52년의 시간이다.

마야 사람들은 52년마다 세상이 끝난다고 믿었다. 그래서 그들은 52년마다 살고 있던 도시를 버리고 새로운 도시를 건설했다. 훌륭한 건축 기술을 가진 마야 사람들은 그들만의 믿음에 따라 거듭 새로운 도시를 힘겹게 세웠고, 그 덕분에 우리는 파괴되지 않은 마야 문명을 오늘날에도 볼 수 있는 것이다.

● 6, 12, 18… 등은 2의 배수도 되고, 3의 배수도 된다. 이와 같이 2와 3의 공통 배수를 공배수라 하고, 이 중 가장 작은 배수를 최소 공배수라고 한다.

20진법을 사용한 마야 문명과 60진법을 사용한 바빌로니아 문명, 10진법을 사용한 이집트 문명, 그리고 로마 문명 등을 거치며 수 체계는 계속 발전했다. 바빌로니아와 이집트, 로마, 그리스는 수 체계뿐만 아니라 지금 우리가 배우는 수학의 기초를 이루었다.

놀라운 발명, 인도-아라비아 숫자

인도-아라비아 숫자는 지금 우리가 사용하는 숫자다. 인도 사람이 발명하고 아라비아 사람이 유럽으로 전한 데서 그 이름이 유래했다.

인도-아라비아 숫자는 기원전 250년경 인도의 아소카왕 시대에 세워진 돌기둥에서도 그 흔적을 찾을 수 있다. 또한 825년 페르시아의 알-콰리즈미(780?~850?)가 인도의 수 체계에 대해 설명하는 책을 쓴 것으로 보아 9세기 이전에 이미 인도에서 사용되었다고 추측한다.

인도-아라비아 숫자가 언제, 어떻게 유럽에 처음 전해졌는지는 정확히 알 수 없지만, 무역을 하는 사람들이나 여행을 하는 사람들을 통해 전파되었을 것으로 보고 있다. 이후 14세기에 알-콰리즈미의 책이 라틴어로 번역되면서 유럽에 더욱 널리 알려지게 되었다.

1에서 9까지 아홉 개의 숫자와 0을 사용해 모든 자릿수를 만들어 내는 것은 인류 역사의 위대한 발명이라 할 수 있다. 앞에서 살펴본 복잡한 방법들로 덧셈, 뺄셈, 곱셈, 나눗셈을 한다고 생각하면 계산을 하는 일보다 수를 나타내는 일이 더 어려울 것이다.

다행히 인도-아라비아 숫자를 사용하면서 사칙연산뿐 아니라 복잡한 계산도 가능해졌다. 인도 사람들의 이 놀라운 수 체계의 발명으로 지금 전 세계의 청소년들이 좀 더 쉽게 수학을 배울 수 있게 된 것이다.

성스러운 우물

트로이를 발굴한 하인리히 슐리만에 빗대어 '마야의 슐리만'이라고 불리는 사람이 있다. 바로 에드워드 허버트 톰슨이다. 그는 책 1권에 쓰인 전설만 믿고 1885년에 마야의 '성스러운 우물(Cenote Sagrado)'을 찾아 유카탄반도로 떠났다.

> 가뭄이 들거나 재앙이 생기면 제사장은 아름다운 처녀들을 뽑았다. 제사장은 물속에 사는 신들에게 제사를 지낸 뒤 그 처녀들을 우물가로 끌고 갔다. 온갖 장신구로 아름답게 치장한 마야의 처녀들은 자신들의 사명을 깨닫고 엄숙한 마음으로 성지로 다가갔다. 그녀들이 우물에 던져질 때마다 구슬프고 처절한 비명이 길게 메아리쳤다. 제사장은 마야 사람들이 사용하는 자질구레한 물건들도 우물에 던졌다. 만약 마야에 황금이 많았다면, 그 대부분은 이 우물 속에 있으리라.

톰슨은 디에고 데란다 주교가 쓴 이 글을 토대로 마야의 피라미드 근처를 찾아 헤매기 시작했다. 얼마 후 그는 마야의 피라미드 위에서 성스러운 우물로 가는 길을 발견했다. 마침내 우물을 찾은 톰슨은 장비를 동원해 우물물을 퍼내기 시작했다. 사람들이 다들 미쳤다고 손가락

질했지만, 그는 아랑곳하지 않았다.

며칠 후 우물에서 장신구, 항아리, 접시 등 많은 유물이 나오기 시작했다. 꽤 많은 유물을 꺼낸 후, 톰슨은 기계가 닿지 않는 틈새나 구석을 살펴보기 위해 직접 잠수복을 입고 우물로 내려갔다.

멕시코에 있는 '성스러운 우물'.

톰슨은 어둡고 냄새나는 우물 바닥에서 수많은 두개골을 발견했다. 그것들은 모두 여자의 두개골이었다. 이것으로 성스러운 우물의 전설은 사실로 밝혀졌다.

한참의 시간이 흐른 뒤, 톰슨은 한 남자의 두개골을 발견했다. 조사해보니 그것은 노인의 뼈였다. 살아 있을 당시 제물로 많은 처녀를 죽음으로 이끈 제사장이 최후에 속죄하는 마음으로 스스로 몸을 던졌던 것은 아닐까.

2

바빌로니아 수학

바빌로니아에서는
왜 60진법을
사용했을까?

360°
지구

《성경》에 나오는 바벨탑에 대해 들어보았니? 옛날 바빌로니아 사람들은 자신의 능력을 지나치게 믿은 나머지 자신이 신보다 뛰어나다고 생각했단다. 그래서 하늘에 닿을 수 있는 높은 탑을 쌓기로 했지. 그게 바로 바벨탑이야.

하지만 이를 괘씸하게 여긴 신이 탑을 쌓고 있는 사람들에게 벌을 내려서 사람들은 갑자기 각기 다른 말로 이야기하게 되었지. 서로의 말을 알아들을 수 없었던 바빌로니아 사람들은 탑을 완성하지 못하고 결국 뿔뿔이 흩어졌다고 해.

이 이야기가 사실인지는 알 수 없지만, 바벨탑은 실제로 바빌로니아에 있었다고 하는구나. 돌을 들어 올리는 큰 기계도 없었고, 돌의 크기를 정확하게 계산하는 측정 장치도 없었던 당시에 사람들은 어떻게 하늘에 닿을 듯한 높은 건물을 설계하고 지을 수 있었을까?

놀랍게도 옛날 사람들은 오로지 수학적 계산만으로 건물을 설계했단다. 믿기 힘들다고? 그럼 세계 4대 문명 발상지 가운데 하나인 바빌로니아로 수학 여행을 떠나 한번 확인해볼까?

세계 4대 문명의 발달

만일 원시 시대로 돌아가서 농사를 짓는다면 어디가 좋을까? 원시 시대에는 관개 시설이 없었으므로 일단 물을 쉽게 얻을 수 있는 강가나 호숫가라야 한다. 몹시 춥거나 더운 곳보다는 기온이 따뜻한 곳이 좋을 것이다. 그리고 농사를 짓기 위해서는 비옥한 땅을 찾아야 한다.

원시 시대 사람들은 이러한 땅을 찾아 이동했고, 여러 조건이 맞는 곳에 정착해 모여 살기 시작하면서 사회를 만들고 문명을 이룩했다. 그중 인류 문명의 기원이 된 4대 문명이 있는데, 황허 문명과 메소포타미아 문명, 인더스 문명, 이집트 문명이 그것이다. 지금의 이집트는 대부분 비가 적게 오는 사막이지만, 기원전 5000년에서 기원전 3000년에는 지금과 기후가 많이 달랐다. 기원전 2000년까지 4대 문명 발상지에는 상당히 발달한 고대 국가가 형성되었다. 고대 국가 사람들은 주로 농업과 목축에 종사했기 때문에 큰 강이 범람한 후 땅을 관리하는 일과 그곳에서 나는 생산물을 분배하고 조절하는 일이 매우 중요했다. 따라서 이때의 수학은 농업이나 건축과 같이 실생활에 필요한 내용을 중심으로 발전하게 되었다.

한 예로 중국의 우왕을 들 수 있다. 요순 시대에는 나라의 기틀이 잡히고 모든 사람이 평화롭게 살았으나 한 가지 문제가 있었다. 바로 황허강의 범람으로 인한 홍수 피해였다. 그래서 평생 황허강을

인류 최초의 문명이 움튼 4대 문명 발상지 문명이 발달한 지역에는 모두 강이 흐르고 있다.

연구하며 제방을 쌓고 강이 흘러갈 길을 만드는 등 치수•에 공헌한 우라는 사람이 왕으로 추대되기까지 했다. 그가 바로 중국 최초의 왕조인 하 왕조의 우왕이다.

이러한 4대 문명 가운데 현재까지 남아 있는 수학 관련한 유물이나 기록은 주로 이집트와 바빌로니아에서 출토되었다. 메소포타미아 문명을 이룩한 바빌로니아 사람들은 오랫동안 보관할 수 있는 점토판을 사용해 글자를 기록했다. 이집트 사람들은 나일강변

• 수리 시설을 잘해 홍수나 가뭄의 피해를 막는 일을 치수(治水, 물을 다스린다는 뜻)라고 한다.

에서 흔히 나던 파피루스라는 식물로 종이를 만들어 기록을 남기기도 했다. 그러한 기록들이 현재까지 잘 보존되어 오늘날 우리가 이집트와 메소포타미아의 학문을 공부할 수 있는 것이다. 반면에 고대 중국과 인도의 사람들은 나무껍질이나 대나무와 같은 썩기 쉬운 재료에 기록을 남겼기 때문에 오늘날까지 전해지는 것이 거의 없다.

바빌로니아는 유프라테스강과 티그리스강의 하류 지방을 일컫는다. 그럼, 이제 바빌로니아의 수학에 대해 자세히 살펴보도록 하자.

바빌로니아의 쐐기 문자

바빌로니아가 위치했던 곳은 서남아시아의 이란고원 일대다. 이란고원의 남서쪽을 둘러싼 자그로스산맥과 아라비아 대지 사이에 펼쳐진 메소포타미아 평원은 티그리스강, 유프라테스강과 가까워서 농사가 잘되는 비옥한 땅이었다. 바빌로니아 사람들은 티그리스강, 유프라테스강과 따뜻한 태양열을 이용해 농업과 목축을 발달시키며 세계에서 가장 오래된 문명을 꽃피웠다.

1800년대에 고고학자들은 메소포타미아에서 약 50만 개의 점토판을 찾아냈다. 손바닥만 한 것에서부터 책보다 큰 것까지 다양한 크기의 점토판에는 바빌로니아의 글자가 새겨져 있었다이 점토판은 바빌로니아 사람들이 종이 대신 가지고 다녔던 진흙판을 구워 만든 것이다. 진흙을 얇게 펴서 판판하게 만든 다음 그 위에 갈대 줄기 따위로 글씨를 새긴 후 햇볕에 말리거나 불에 구워 냈다. 하지만 점토판은 사용하기가 번거롭고 휴대하기도 불편했다. 게다가 바빌로니아의 글자는 너무 복잡해서 지식인인 서기관만 읽고 쓸 수 있었다.

이 점토판에 적혀 있는 바빌로니아 문자를 쐐기 문자 또는 설형 문자라고 한다. 발굴 당시에는 이 문자의 뜻을 아무도 이해하지 못했다. 그러다가 1846년 영국의 외교관이자 아시리아학 연구가인 롤린슨 경이 이 문자를 처음으로 해독했다.

바빌로니아 점토판의 내용이 밝혀지면서 당시의 생활 모습이 윤곽을 드러내고 바빌로니아 역사에 대한 새로운 지식들을 얻을 수 있었다. 물론 이 점토판을 해석하는 연구는 지금도 계속되고 있다. 머지않아 또 새롭고 놀라운 발견이 있을지 모르니 기대해보자.

쐐기 문자가 새겨진 점토판 기원전 2050년경에 만들어진 점토판으로, 메소포타미아 남부에서 발견되었다.

바빌로니아의 숫자

지금까지 찾아낸 50만 개의 점토판 중에서 약 300개는 수학과 관련된 표와 문제가 적혀 있는 수학 점토판이다. 오늘날 고대 바빌로니아 수학에 관한 지식은 바로 이 수학 점토판을 해독해서 얻은 결과다.

점토판 중에서 상당히 수준 높은 계산법이 사용된 것도 발견되었다. 또 60진법 수 체계가 이미 오래전에 만들어져 사용되고 있었음을 알 수 있다. 진법에 대해서는 앞 장에서 마야 숫자에 대해 이야기할 때 살펴보았다. 60진법은 1부터 59까지의 숫자를 만들고, 60 단위마다 독특한 표기법으로 수를 기록하는 것이다.

60진법을 사용한 바빌로니아에서 1을 나타내는 기호는 𒁹이고, 10을 나타내는 기호는 𒌋였다. 바빌로니아에서는 이 기호들을 가지고 1부터 59까지의 수를 만들었다.

이렇듯 바빌로니아에서는 60진법을 사용했기 때문에 60은 다시 𒁹로 나타냈는데, 1과 60이 매우 혼동되었을 듯하다. 이 방법으로 100,000을 나타내려면 어떻게 해야 했을까? 아주 많은 쐐기 문자를 새겨야 했을 테고, 1과 60이 아주 헷갈렸을 것이다. 그래서 바빌로니아 사람들은 1부터 59까지의 수만으로 큰 수를 나타내는 방법을 생각해냈다. 그 내용을 좀 더 자세히 살펴보도록 하자.

지금 우리는 0부터 9까지의 수로 모든 수를 나타내고 있다. 하지만 자릿수에 따라 수의 크기가 다르다. 예를 들어 3,333이라는 수

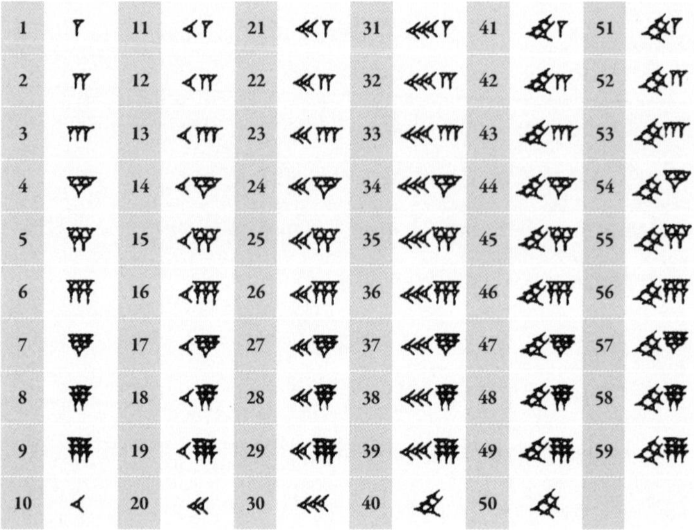

바빌로니아의 숫자.

는 똑같이 3을 나열한 것이지만, 자릿수에 따라 각각 의미하는 수는 3,000, 300, 30, 3이다. 이렇게 똑같은 수를 나열했을 때 위치에 따라 그 값이 달라지는 체계를 '위치 기수법'이라고 한다.

그렇다면 바빌로니아 숫자로 큰 수를 써보자. 이때 주의해야 할 점은 우리가 쓰고 있는 10진법과 혼동하지 않는 것이다. 바빌로니아에서는 60마다 자릿수가 바뀌었다는 사실을 잊으면 안 된다. 예를 들어 424,000을 지금의 수 체계로 나타내면 다음과 같다.

	4	2	4	0	0	0
위치 기수법 사용	100,000의 자리	10,000의 자리	1,000의 자리	100의 자리	10의 자리	1의 자리
	10×10×10×10×10	10×10×10×10	10×10×10	10×10	10	1
실제 의미하는 수	4×10×10×10×10×10 =400,000	2×10×10×10×10 =20,000	4×10×10×10 =4,000	0×10×10 =0	0×10 =0	0×1 =0
	400,000+20,000+4,000+0+0+0=424,000					

이번에는 424,000을 쐐기 문자로 나타내보자.

쐐기 문자	 1	 57	 46	 40
위치 기수법 사용	216,000의 자리 60×60×60	3,600의 자리 60×60	60의 자리 60	1의 자리 1
실제 의미하는 수	1×60×60×60 = 216,000	57×60×60 = 205,200	46×60 = 2,760	40×1 = 40
	216,000+205,200+2,760+40=424,000			

보기만 해도 복잡하다. 숫자를 쓰는 데 더하기, 곱하기가 모두 나오니 바빌로니아에서는 똑똑한 사람들만 숫자를 썼을 것이다.

이렇게 수가 복잡하다보니 수학 문제를 풀 때 참고해야 하는 숫자 점토판도 있었다고 한다. 이러한 점토판의 종류에는 곱셈의 결과를 미리 계산해 적어둔 곱셈표뿐만 아니라 제곱표와 세제곱표, 지수표까지 있었다. 이것만 보더라도 바빌로니아 사람들의 수학 수준이 상당히 높았음을 알 수 있다.

시계 속에 숨어 있는 60진법

그런데 바빌로니아 사람들은 왜 이렇게 복잡하게 60이라는 수를 기준으로 삼았을까? 한 손의 손가락 수인 5나 양손의 손가락 수인 10을 기준으로 삼았다면 복잡한 곱셈표가 필요하지 않았을 텐데 말이다.

옛날에는 나눗셈이 발달하지 않았고 더욱이 소수도 없었기 때문에 물건을 나누는 데 많은 어려움이 있었다고 한다. 그래서 바빌로니아 사람들은 60을 기수로 사용했다. 10을 기수로 사용하면 나누어떨어지는 수인 약수가 2와 5밖에 없는 데 반해, 60은 2, 3, 4, 5, 6, 10, 12, 15, 20, 30으로 나누어떨어진다. 이렇듯 60은 10보다 많은 약수를 가지고 있으므로 분수의 분모가 60이면 10일 때보다 약분해서 분수를 간단하게 표현하기 쉬웠다. 이러한 이유로 바빌로니아에서는 60진법을 사용했다.

60진법의 체계가 잘 이해되지 않는다면 60진법을 사용하는 시계를 생각해보면 훨씬 이해가 쉽다. 60초는 1분을 나타내고, 60분은

한 시간(60분=3600초)을 나타낸다. 이렇듯 바빌로니아 사람들이 사용한 60진법을 지금 우리도 사용하고 있는 것이다.

바빌로니아마일과 원의 중심각

우리가 일상생활에서 사용하고 있는 바빌로니아 수학의 흔적은 또 있다. 바로 원의 중심각이 360도라는 사실이다. 왜 원의 중심각을 360도로 정했느냐에 대한 설명은 학자들에 따라 다르지만, 그중 노이게바우어의 주장이 가장 설득력 있다.

바빌로니아에는 10킬로미터 정도 되는 '바빌로니아마일'이라는 큰 단위가 있었다. 이것은 거리뿐 아니라 시간을 나타내는 단위로도 사용되었다. 1바빌로니아마일을 가는 데 걸리는 시간, 즉 약 2시간 정도를 나타냈다고 한다. 그래서 바빌로니아 사람들은 하루를 12바빌로니아마일이라고 생각했다.

그런데 하루를 12바빌로니아마일로 정하고 나니 무척 불편했다. 지금처럼 분과 초가 있었던 것도 아니고, 약속 시간을 정하려면 1바빌로니아마일, 즉 2시간 단위로 잡아야 했기 때문이다. 그래서 12바빌로니아마일의 시간을 앞에서 살펴본 60의 약수 중 하나인 30으로 한 번 더 나누어서 하루의 시간을 360 단위로 쪼갰다.

하루는 지구가 한 바퀴를 돌아 제자리로 돌아오는 데 걸리는 시간이다. 바빌로니아 사람들은 하루, 즉 지구가 한 바퀴 도는 데 걸리는 시간의 단위로 360을 사용했다. 그 후로 원의 각도도 360도로 정하게 되었다.

바빌로니아 사람들의 피타고라스 정리

지금까지 살펴본 바빌로니아 수학은 앞에서 이야기한 것과 같이 모두 점토판을 해독해 알아낸 사실들이다. 이러한 점토판 중에서 가장 유명한 것이 '플림프턴 322'다. 이 점토판은 컬럼비아 대학교의 '플림프턴 소장품' 가운데 하나인데, 소장품 목록의 번호가 322번이기 때문에 이렇게 부른다.

불행히도 이 점토판의 왼쪽 모서리는 완전히 떨어져 나가고, 오른쪽 모서리에는 흠이 나 있어 글씨를 알아볼 수 없는 부분들이 있다. 그런데 조사 결과 점토판의 깨진 왼쪽 모서리에 누군가가 풀칠을 한 흔적이 발견되었다. 그러니까 점토판을 처음 발견했을 때는 깨지지 않았었는데 나중에 누군가가 실수로 점토판을 깨뜨렸고, 그 깨뜨린 부분을 붙이려고 풀칠까지 했으나 그 조각이 그만 완전히 떨어져 나가게 된 것이다. 그 조각을 찾을 수만 있다면 바빌로니아 수학의 더욱 흥미로운 사실들을 알아낼 수 있다고 하니 참으로 안타까운 일이다.

플림프턴 322 기원전 1800년에서 기원전 1600년 사이에 만들어졌을 것으로 추정되는 이 점토판에서 피타고라스 정리를 이루는 세 쌍의 수에 대한 내용을 발견할 수 있다.

플림프턴 322에 따르면, 피타고라스(기원전 570?~기원전 495?)가 태어나기 100년 전부터 바빌로니아 사람들은 피타고라스 정리를 응용해 사용했음을 알 수 있다. 피타고라스 정리란 임의의 직각 삼각형에서 빗변을 c, 다른 두 변을 각각 a, b라고 했을 때 항상 $a^2+b^2=c^2$이 성립한다는 것이다. 피타고라스가 이 공식을 처음으로 증명했기 때문에 '피타고라스 정리'라고 부른다.

그런데 바빌로니아 사람들은 피타고라스가 태어나기도 전에 어떻게 피타고라스 정리를 알았을까? 바빌로니아 사람들이 실제로 증명을 했는지는 알 수 없다. 다만 발굴된 점토판의 내용에 따르면,

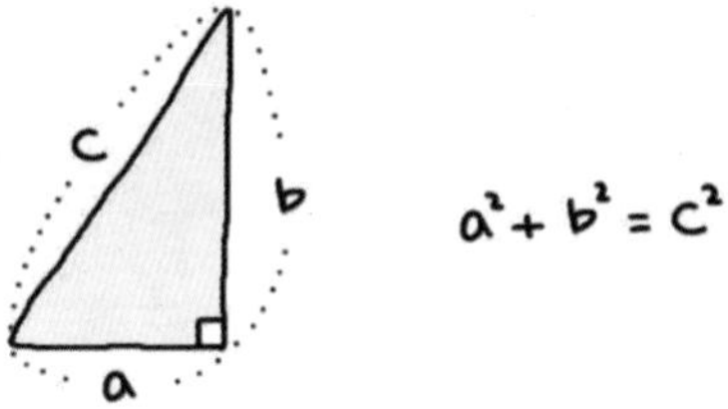

바빌로니아 사람들은 이 내용을 알고 있었고, 또 실생활에서 사용했다. 이와 함께 인수 분해와 식의 전개, 2차 연립 방정식도 알고 있었다고 한다. 또한 원주율●도 사용했는데, 바빌로니아 사람들이 구한 원주율은 약 $3\frac{1}{8}$(=3.125)로 지금의 원주율과 거의 비슷하다.

바빌로니아의 달력

바빌로니아 사람들도 마야 사람들처럼 농업에 종사했기 때문에 농사에 중요한 계절의 변화를 예측하기 위해 태양력과 태음력을 만들어 사용했다. 이 달력은 1개월이 29일 또는 30일이었는데, 초승달이 처음 모습을 나타내는 날 저녁을 매월 1일로 정했다. 그러므로 하루의 시작은 해 질 녘이었다. 바빌로니아 사람들도 1년을 12개월

● 어떠한 원이든지 원주를 지름으로 나누면 3.141592…로 항상 일정한 값을 이룬다. 이 일정한 값을 원주율이라 하고, π(파이)로 표시한다.

로 계산했는데, 모든 달의 날짜를 더해보면 354일로 실제 1년의 길이와 맞지 않았다. 그래서 사람들은 13년마다 윤년을 만들어 13년째에는 1개월이 더 많은 13개월이 되었다.

이렇게 1년의 길이를 계산할 줄 알았던 바빌로니아 사람들은 놀라운 과학 실력에도 불구하고 신이 우주를 창조했다고 믿었다. 다음은 바빌로니아 신화 가운데 일부다.

> 마르두크 신이 혼돈의 괴물인 티아미트를 무찌르고 두 동강을 냈다. 이 반쪽 중 한쪽은 지구가 되고, 다른 한쪽은 하늘이 되었다.

지금은 태양이나 지구, 달에 관한 지식이 많지만, 고대에는 우주에 관한 정확한 지식이 거의 없었다. 그 때문에 고대에는 우주를 동물로 묘사하기도 했다.

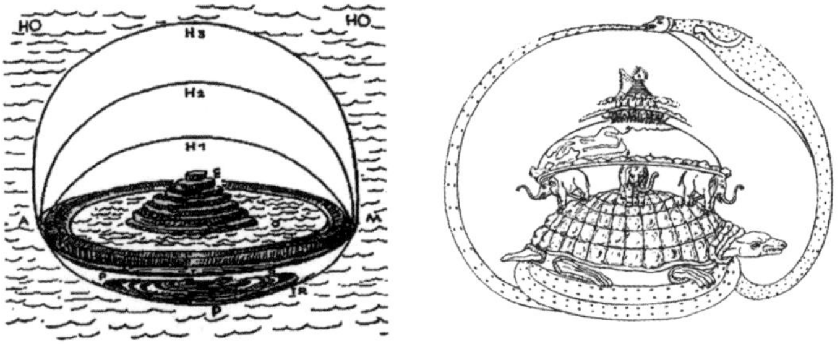

고대 사람들이 생각한 우주의 모습 **왼쪽은 바빌로니아 사람들이 생각했던 우주의 모습이고, 오른쪽은 고대 인도 사람들이 생각했던 우주의 모습이다.**

피타고라스 정리의 증명

다음과 같은 직각 삼각형 ABC가 있을 때, 삼각형의 세 변에 각각 그 변을 한 변의 길이로 하는 정사각형을 그리면 다음 그림과 같이 된다.

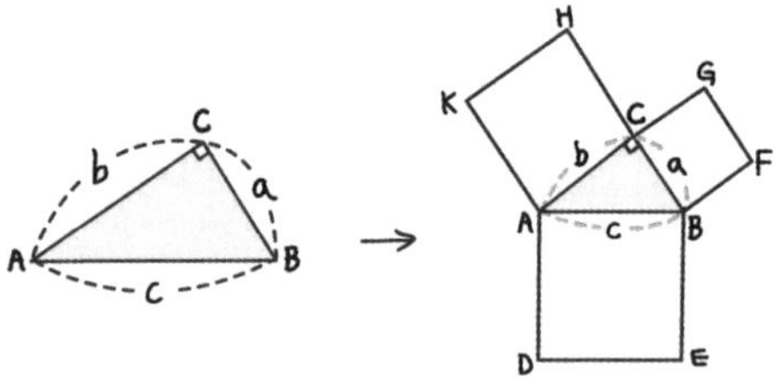

오른쪽 그림에서 $\overline{AB}$의 길이, 즉 c를 제곱한 값 $c^2(=c\times c)$은 □ADEB의 넓이와 같다.

다른 두 변의 길이의 제곱도 그 변 위의 정사각형의 넓이와 같다.

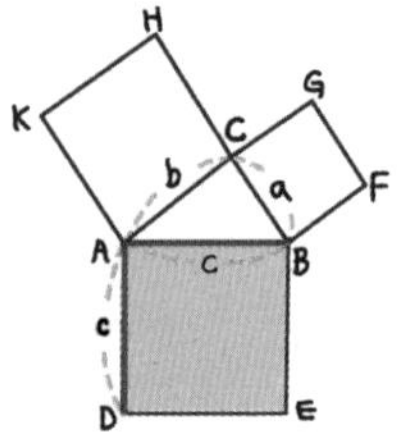

B와 K, C와 D를 이으면 △KAB와 △CAD에서 $\overline{AK}$와 $\overline{AC}$, 그리고 $\overline{AB}$와 $\overline{AD}$의 길이가 같으며, ∠KAB는 90도에 ∠CAB를 더한 값과 같다.

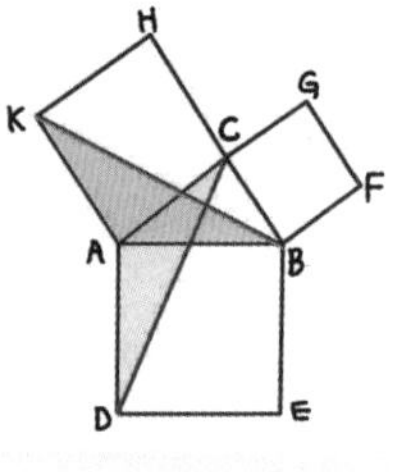

두 변의 길이와 그 끼인각의 크기가 같으므로 △KAB와 △CAD는 합동(모양과 크기가 같아서 완전히 포개지는 두 도형)이 된다.

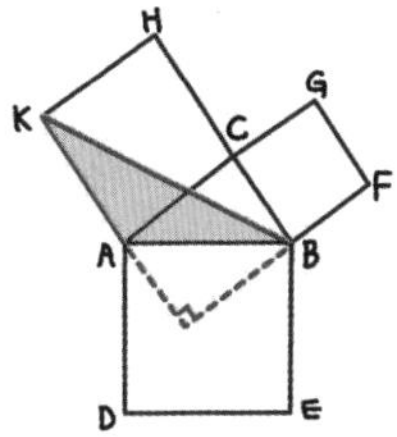

다음에 △KAB와 □KACH에서 $\overline{KA}$를 공통 밑변으로 하면 그 높이가 같으므로, □KACH = 2△KAB가 된다.

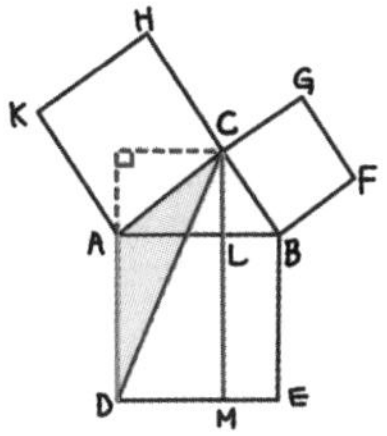

이제 C에서 $\overline{DE}$에 수직으로 선을 하나 내려 긋고, 다른 변과 만나는 점을 각각 L, M이라고 하자.

여기서 △CAD와 □LADM도 $\overline{AD}$를 공통 밑변으로 하면 그 높이가 같으므로, □LADM = 2△CAD가 된다.

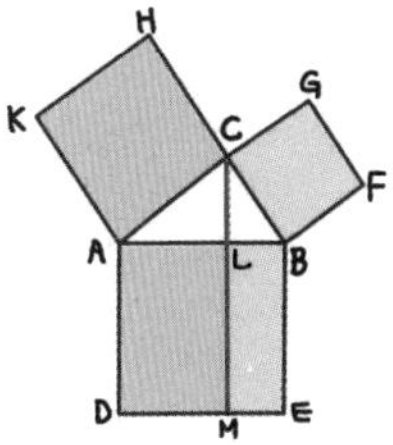

따라서 □KACH = □LADM이 되고, 마찬가지로 □CBFG = □LMEB가 된다.

□KACH + □CBFG = □LADM + □LMEB = □ADEB가 되므로, $a^2 + b^2 = c^2$이 된다.

역사 속으로 사라진 바빌로니아

비옥한 땅과 지리적 장점을 바탕으로 찬란한 문화를 이룩했던 바빌로니아는 이 지역을 차지하고자 하는 다른 민족들의 끊임없는 침입을 받았다. 기원전 1894년에 세워진 바빌로니아 왕국은 결국 기원전 1595년 히타이트의 침략으로 멸망하고 말았다.

히타이트에 이어 카시트와 아시리아의 지배를 받았던 바빌로니아 사람들은 반란을 일으켜 기원전 626년에 다시 바빌로니아 왕국을 세웠다. 고대 바빌로니아와 구별하기 위해 새로 세운 왕국을 신(新)바빌로니아라고 부른다. 신바빌로니아는 문화를 부흥시키기 위해 많은 노력을 했지만, 1세기도 채 안 된 기원전 539년 페르시아 제국에 의해 멸망했다.

그 후 기원전 482년에 일어난 반란으로 바빌로니아 대부분의 성과 신전이 파괴되면서 그 문명의 흔적마저 역사 속으로 사라졌다.

바빌로니아의 수도였던 바빌론
바빌론 성벽의 길이는 무려 17킬로미터, 폭은 7.6미터에 이르렀다고 한다.

3

이집트 수학 1

가장 오래된
수학 책에는 어떤
문제가 실려 있을까?

세계 4대 문명 발상지 가운데 바빌로니아와 이집트는 지리적으로 매우 가까웠기 때문에 이 둘을 합쳐 오리엔트 문명이라고 부르기도 한단다. 오리엔트라는 말은 로마 사람들이 태양이 뜨는 곳에 위치한 동방을 '오리엔스(Oriens)'라고 부른 데서 유래했다고 해.

이집트 하면 가장 먼저 떠오르는 것은? 나일강과 피라미드. 이집트 사람들은 죽은 후에도 영혼이 살아 있다고 믿었기 때문에 왕의 무덤인 피라미드를 세우고 시체가 썩지 않도록 미라로 만들었어. 그뿐만 아니라 많은 문화재를 오랫동안 보관할 수 있는 방법에 대해서도 연구했지. 그 덕분에 이집트에서 연구한 수학 기록물들이 지금까지 잘 보존되어서 오늘날 우리가 이집트의 발전된 수학을 공부할 수 있는 거란다.

자, 그럼 사막에서 대제국을 이룩했던 이집트의 수학에 대해 살펴보도록 하자.

사막 속의 대제국, 이집트

기원전 3000년경 아프리카 북동부에서 세계 4대 문명 가운데 하나인 이집트 문명이 탄생했다. 다른 민족들의 왕래가 잦은 지역에 위치한 바빌로니아가 전쟁을 자주 치렀던 것과 달리, 이집트는 폐쇄적인 위치에 자리하고 있었기 때문에 큰 전쟁 없이 오랫동안 왕권을 유지할 수 있었다.

일반적으로 사람들은 이집트 수학을 더 많이 이야기하지만, 사실 고대 이집트 수학은 바빌로니아만큼 발전하지 못했다. 바빌로니아는 많은 상인들이 왕래하는 길목에 위치해 경제적으로 이집트보다 부유했고, 이는 학문의 발전에도 영향을 끼쳤다. 반면에 이집트는 외부와의 교류 없이 스스로 발전한 나라였다.

또한 바빌로니아의 티그리스강이나 유프라테스강은 이집트의 나일강보다 자주 범람해 관리하는 데 더 많은 노력이 필요했다. 이는 한편으로 수학이 발달하는 계기가 되었다. 그럼에도 오늘날 이집트의 역사와 수학에 대한 연구가 활발한 것은 바빌로니아보다 더 많은 자료를 남긴 덕분이다.

죽음을 신성시한 이집트에서는 사람이 죽으면 화려한 벽화와 조각으로 장식한 무덤 안에 많은 유물과 함께 시체를 묻었다. 그리고 시체와 유물들이 썩지 않고 잘 보존되도록 여러 방법을 연구했다. 이러한 방법들과 건조한 기후 덕분에 이집트의 기록물과 유물 들은

이집트의 나일강 이집트의 동맥이라 불리는 나일강 주변 곳곳에는 거대한 신전과 피라미드 등 찬란한 문화유산이 남아 있다.

지금까지 전해져 많은 연구 자료로 활용되고 있다.

나일강의 축복

이집트는 나일강 주변에서 농사를 지으며 국가로 성장해나갔다. 이집트 사람들은 '나일강의 축복'이라는 표현을 자주 쓰는데, 큰 강에서 깨끗한 물만 얻은 게 아니라 그 강을 통해 수학과 국가를 발전시킬 수 있었기 때문이다.

나일강은 매년 6월이 되면 잦은 비로 강물이 불어났다가 9월이 되면 물이 줄어드는 현상을 반복했다. 그런데 홍수가 피해만 준 것은 아니었다. 홍수로 인해 강 상류에서 땅을 기름지게 하는 영양분이 떠내려와 하류 지역까지 비옥하게 만들었다. 강물이 넘친 다음에 농사를 지으면 곡식이 더 잘 자랐다.

또한 나일강은 수학의 발달에도 많은 영향을 끼쳤다. 나일강의 범람으로 농사짓던 땅의 경계가 모두 사라지면 사람들은 해마다 자신의 땅을 다시 찾아야 했다. 이집트 사람들은 자연스럽게 땅을 측량하는 방법을 연구하게 되었고, 이는 도형 및 공간을 연구하는 학문인 기하학을 발전시키는 데 영향을 주었다. 영어로 기하학을 뜻하는 '지오메트리(geometry)'는 땅을 의미하는 '지오(geo)'와 측량을 의미하는 '메트리(metry)'가 합쳐져 생긴 단어다.

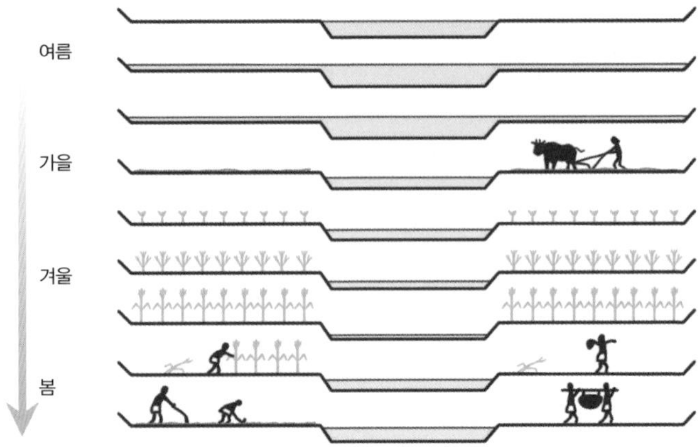

나일강의 변화와 농업의 관계.

이뿐만 아니라 해마다 반복되는 홍수를 지켜보면서 이집트 사람들은 시간과 사계절, 1년이라는 개념을 깨달았다. 즉, 눈에 보이지 않는 추상적인 것들을 이해하게 된 것이다.

이집트의 상형 문자

이집트 수학에 대해 알아보려면 먼저 이집트 숫자가 어떤 것인지 살펴봐야 하고, 이집트 숫자를 이해하려면 먼저 이집트 문자에 대해 알아야 한다.

다른 고대 문자들처럼 이집트의 문자도 오랫동안 해독할 수 있

휴머니스트 청소년 문고 곰곰
Z세대를 위한
지금 여기의 교양!
세종도서 교양부문 선정도서
한국출판문화 산업진흥원
대한출판문화협회 올해의 청소년도서
국립어린이 청소년도서관 사서 추천도서
학교도서관저널 추천도서
곰곰

세상과 나를 잇는 새로운 생각, 휴머니스트 청소년 문고 곰곰

gomgom.me에서 수업 자료를 다운받으세요!

주소창에 곰곰문고 또는 gomgom.me를 입력해 보세요.
한 학기 한 권 읽기 수업에 활용할 수 있는 활동지는 물론
수업에 도움이 될 영상 자료까지 만나실 수 있습니다.

2022년 상반기, 더 새로운 곰곰문고가 찾아옵니다!

- 2022년은 대선이 있는 해입니다. 청소년 유권자들이 투표에 참여하죠. 곰곰은 '청소년은 어떻게 시민이 되는가'라는 질문을 통해 한국 사회에서 청소년 시민의 자리를 새롭게 바라보는 책을 준비합니다.
  #청소년시민 #민주시민교육

- 탄소중립을 이뤄야 한다는 2050년까지 30년도 남지 않은 상황, 우리 삶은 어떻게 달라져야 할까요? 교통, 소비, 먹거리, 주거, 직업 등으로 나누어 최신 데이터와 함께 기후위기의 심각성에 대해 알아보고 해결법은 무엇인지 살펴봅니다.
  #탄소중립 #환경생태교육

- 논쟁과 토론이 있는 역사 수업을 진행해 온 현직 교사가 엄선한 질문들로 한국사를 훑어보는 역사 교양서도 출간됩니다. 과거를 화석화하지 않고 생명력을 불어넣는 역사의 세계로 안내할 책을 기대해 주세요!
  #전근대사부터근현대사까지 #비판적사고력을기르는역사교육

샹폴리옹이 이집트 문자의 해독에 활용한 로제타 스톤 기원전 196년 열두 살 난 파라오 프톨레마이오스 5세의 즉위를 축하하기 위해 만든 것이다.

는 사람이 아무도 없었다. 그런데 1799년 나폴레옹이 이집트로 원정을 갔다가 알렉산드리아 동쪽의 로제타 마을에서 돌기둥 하나를 발견하고는 기념품으로 프랑스에 가져왔다. 그 돌기둥에는 고대의 문자가 잔뜩 새겨져 있었다. 나폴레옹은 돌기둥에 '로제타 스톤(Rosetta stone)'이라는 이름을 붙였다. 여러분도 잘 알고 있듯이 나폴레옹은 나중에 영국과의 전쟁에서 패하는데, 그때 이 돌기둥은 영국으로 옮겨진다.

처음에는 로제타 스톤에 적힌 글자들이 무엇을 의미하는지 아무도 몰랐다. 그러다가 1828년 장프랑수아 샹폴리옹(1790~1832)이라는 프랑스 학자가 드디어 이 문자를 해독했고, 그의 연구를 토대로 이집트 문자의 뜻이 하나씩 밝혀졌다.

그럼, 본격적으로 이집트 문자에 대해 살펴보자. 이집트 문자는 사물이나 동물의 모양을 본떠서 만든 상형 문자다. 아래의 그림을 보며 이야기해보자.

이집트 문자표.

상형 문자를 연습했던 석회암 조각
고대 이집트 사람들은 비싼 파피루스를 아끼기 위해 석회암 조각이나 그릇의 파편에 글씨나 그림을 연습했다.

이집트 사람들은 눈에 보이는 별의 모양을 본떠서 '별'에 해당하는 문자를 만들었다. 이렇게 사물마다 문자를 만들다보니 새로운 사물을 발견할 때마다 새로운 문자가 필요했다. 그래서 이집트 왕국 초기에는 750여 개이던 단어가 멸망하기 직전에는 수천 개에 달했다고 한다.

이집트에서 사용한 숫자

이집트 사람들은 숫자도 글자와 같이 사물의 모양을 본떠서 만들었다. 이집트의 수 체계는 지금 우리가 사용하고 있는 10진법의 체계와 비슷했다. 다만 '0'이라는 기호가 없었기 때문에 10, 100, 1,000마다 새로운 기호를 만들어 써야 했다. 다음 표를 참고해보자.

10진수	1	10	100	1,000	10,000	100,000	1,000,000
이집트 숫자							

이집트 숫자는 무엇을 본뜬 것일까? 우선 1을 나타내는 숫자는 막대기인데, 이것은 사람들이 자연스럽게 1이라는 단위를 떠올릴 수 있는 가장 기본적인 모양이다.

다음으로 10을 나타내는 숫자는 말이나 소의 목에 얹는 멍에와 비슷하게 생긴 모양이다. 이것은 10이라는 숫자의 발음과 말발굽이라는 단어의 발음이 비슷한 데서 유래한 것으로 보고 있다. 100은 10개씩 한 묶음을 나타낼 때 사용하는 새끼줄에서 유래했을 것으로 추측하고, 1,000은 연꽃의 발음과 유사했을 것이라는 추측과 나일강에 수없이 핀 연꽃을 보고 '많다'라는 의미를 떠올렸을 것으로 추측하고 있다.

10,000을 나타내는 숫자는 하늘을 가리키는 비스듬한 손가락의 모양이다. 앞에서 살펴보았던 손가락 수를 기억할 것이다. 이 손가락의 모양도 숫자가 만들어지기 전 이집트 사람들이 옛날부터 사용했던 손가락 셈하기 방법의 흔적이라고 한다. 그리고 100,000은 올

챙이의 모습이다. 나일강에는 개구리가 무척 많았는데, 개구리는 한 번에 수백, 수천 개의 알을 낳으니 올챙이 또한 얼마나 많았겠는가. 그러니 아주 많은 수, 큰 수의 의미로 올챙이가 선택된 것이 아닐까? 1,000,000을 나타내는 숫자는 깜짝 놀라는 사람의 모습이다. 아마 엄청 큰 수에 놀라는 모습인 듯하다.

그다음 단위는 무엇일까? 이집트에서 놀라는 사람보다 큰 수의 단위는 없었다. 우리나라에서 1원짜리 동전이 더 이상 사용되지 않는 것처럼 사회가 발전하고 복잡해지면 사용하는 숫자의 크기도 커지게 마련이다. 하지만 이집트 사회가 아무리 발전하고 복잡해졌다 해도 지금만큼 복잡하지는 않았다. 그러니 1,000,000보다 큰 수를 실생활에서 사용할 일은 없었을 것이다.

이집트 숫자의 모양을 모두 살펴보았으니 이제 수를 직접 한번 써보자. 수를 쓰는 방법은 자릿수마다 해당하는 숫자의 그림을 그리면 된다. 예를 들어 12,345라는 수는 다음과 같이 쓴다. 10,000을 나타내는 은 한 번, 1,000을 나타내는 은 두 번 쓰는 것과 같이 각 자릿수에 필요한 그림을 반복적으로 쓰면 된다.

12,345 = 

그럼 9,999,999라는 수를 쓰려면 어떻게 해야 했을까? 아마 그림을 엄청나게 많이 그려야 했을 것이다. 지금은 간단하게 9를 일곱

번 써서 나타낼 수 있지만, 당시 이집트에서는 각 자릿수마다 아홉 번씩 그림을 그려야 했으니 얼마나 불편했겠는가.

이집트의 종이, 파피루스

이집트 사람들은 이러한 상형 문자와 숫자들을 어디에 기록했을까? 바빌로니아에서는 점토판을 사용했다면, 이집트에서는 식물의 껍질을 이용해 만든 종이를 사용했다.

나일강 유역에는 파피루스라는 식물이 많이 자랐는데, 이집트에서는 이 파피루스로 종이를 만들어 사용했다. 파피루스로 만든 종이는 지금의 종이와 비슷했는데, 가볍고 둥글게 말 수 있어서 가지고 다니기에도 편리했다. 파피루스는 영어로 종이를 뜻하는 '페이퍼(paper)'의 어원이기도 하다.

이집트에서는 파피루스가 중요한 수출품으로서 큰 돈을 벌게 했으므로 국가에서만 생산할 수 있었다. 파피루스는 페니키아의 비블로스항을 거쳐 그리스로 수출되기도 했다. 그래서 그리스에서는 파피루스를 비블로스라고 불렀다. 나중에 비블로스는 그리스어로 책을 뜻하게 되었고, 성경을 뜻하는 영어 '바이블(Bible)'의 어원이 되었다. 하지만 파피루스는 값이 워낙 비싸고 잘 찢어졌기 때문에 중국에서 생산된 종이가 들어오면서부터 점차 사용되지 않았다.

주문을 적은 파피루스 이집트의 파피루스에는 그들의 고대 신화와 관련된 내용이 주로 담겨 있다.

절대 권력을 가진 이집트 서기관

이집트에서 파피루스에 글이나 숫자를 기록하는 일을 직업으로 가졌던 사람을 서기관이라고 한다. 이집트의 상형 문자는 매우 복잡해서 글을 읽고 쓸 수 있는 사람이 전체 인구의 1퍼센트도 되지 않았기 때문에 직업적으로 글을 쓰는 사람이 필요했다.

서기관은 개인적인 편지나 기록이 아닌 국가 정책이나 종교에 관련된 글들을 기록했으므로 강한 영향력을 행사했다. 더욱이 수학을

이집트 서기관 좌상과 기록에 사용된 도구들 서기관 좌상의 무릎 위에는 상형 문자가 적힌 파피루스가 펼쳐져 있다. 오른쪽은 서기관이 사용하던 필통(위)과 잉크통(아래)이다.

할 수 있는 서기관은 더 높은 권력을 가질 수 있었다고 한다. 왜냐하면 왕의 권한이 점점 강해지면서 왕을 위한 왕궁과 신전을 지어야 했고, 피라미드와 같은 거대한 무덤도 만들어야 했기 때문이다. 이러한 건축물을 설계할 때에는 건물을 짓는 사람과 재료를 계산하는 일뿐만 아니라, 건축물의 높이와 돌의 크기를 정확하게 계산할 수 있는 사람이 필요했다.

글을 읽거나 쓸 수 있는 사람이 극소수였던 당시에 수학을 잘하는 사람이 과연 몇 명이나 되었을까? 그래서 이집트에서는 기초적인 계산만 잘해도 훌륭한 수학자라 칭송받고 높은 관직에 오를 수 있었던 것이다.

가장 오래된 수학 책, 《린드 파피루스》

기원전 1650년경 서기관이었던 아메스의 작은 수첩에는 다음과 같은 기록이 적혀 있었다.

> 이 글은 이집트의 왕 아우세레의 능 아래 33년, 범람기의 제4월에 만들어진 고서로서, 나의 생명을 바쳐 적은 것이다. 이것을 적은 사람은 아메스다.

현재까지 알려진 바로는 《아메스 파피루스》라는 이 수첩이 세상에서 가장 오래된 파피루스 수학 책이라고 한다. 이 책을 처음 발견한 스코틀랜드 출신 헨리 린드의 이름을 따서 《린드 파피루스》라고도 불리는데, 현재 대영 박물관에 소장되어 있다.

파피루스 만드는 법

파피루스는 지중해 연안의 습지나 나일강 유역에서 잘 자라는 초목의 학명이다. 우리에게는 이것을 재료로 만든 종이나 문서가 더 잘 알려져 있다. 고대 이집트에서는 9세기경까지 문자를 기록하는 데 파피루스를 사용했지만, 현대의 종이 만드는 법이 전파되면서 점차 사라졌다. 그렇다면 옛날에는 파피루스로 어떻게 종이를 만들었을까?

파피루스.

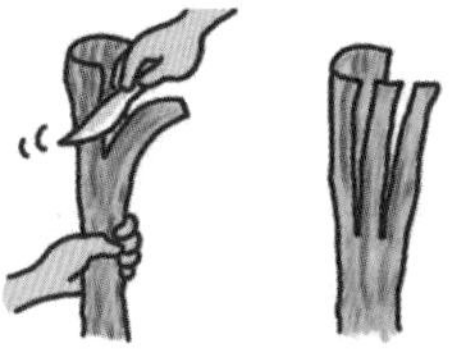

① 파피루스 줄기를 60센티미터 정도의 길이로 잘라내 껍질을 벗기고 얇게 자른다.

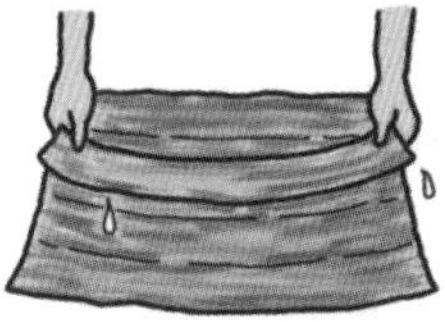

② 나일강 물에 적신 파피루스 줄기 조각을 서로 겹쳐지게 나란히 판자 위에 얹는다.

③ 두 겹의 파피루스 줄기가 서로 잘 붙도록 망치로 두드린다.

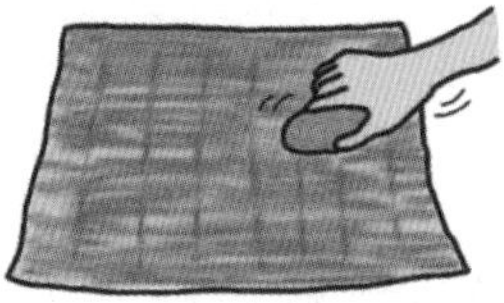

④ 반들반들하게 손질한 뒤 잘 말린다.

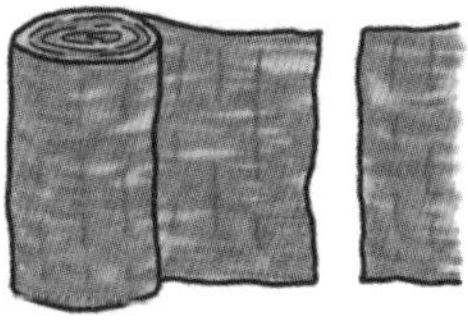

⑤ 이렇게 만들어진 종이를 옆으로 이어 붙이면 두루마리 형태가 된다.

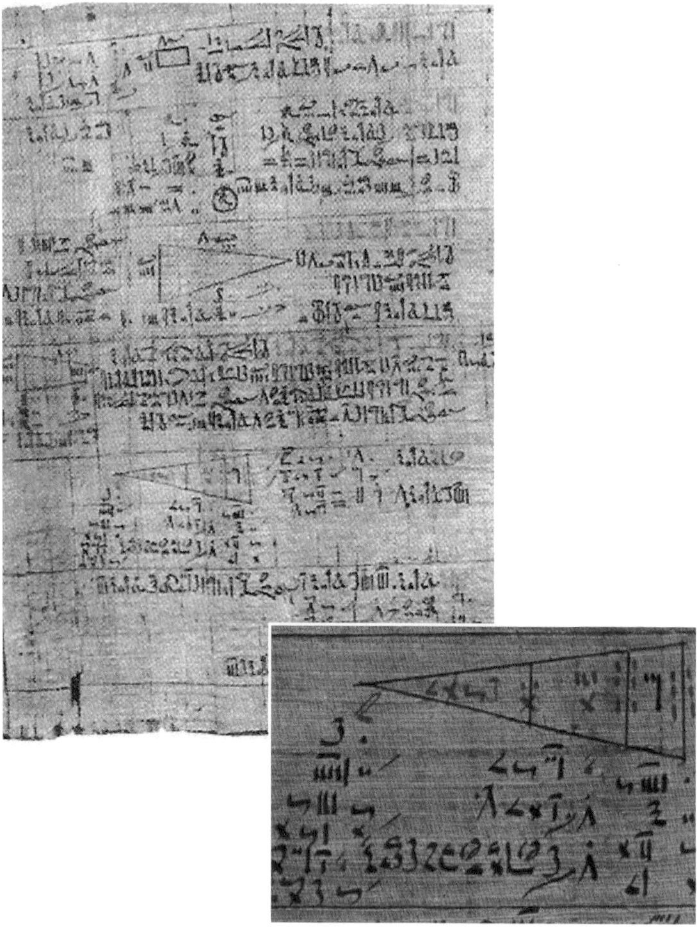

《린드 파피루스》 이집트의 서기관 아메스가 파피루스에 쓴 수학 책으로, 1858년 영국의 고고학자 헨리 린드가 나일강가에서 발굴했다. 오른쪽 사진은 삼각형으로 된 토지의 면적 계산법에 대한 설명을 확대한 것이다.

이집트의 곱셈 방법

《린드 파피루스》는 이집트 사람들의 수학 지식에 관한 내용이 자세히 적혀 있어서 역사적으로도 큰 가치를 지닌다. 정삼각형의 넓이를 구하는 방법, 물건을 일정한 수의 사람들에게 나누어주는 방법 등 실제 생활에 필요한 기초적인 수학부터 어려운 기하학 문제까지 다양한 사례가 실려 있다.

또한《린드 파피루스》에는 다양한 문제의 계산법이 나와 있다. 그 중에는 이집트 사람들의 독특한 곱셈 방법도 소개되어 있다. 2×4가 8이라는 것은 특별한 계산법 없이도 초등학교에서 배운 구구단으로 금방 답을 말할 수 있을 것이다.

그러면 2×4의 의미는 무엇일까? 2를 네 번 곱하는 것일까? 아니다. 2를 네 번 곱하면 2×2×2×2이므로 16이 된다. 정답은 2를 네 번 더하는 것이다. 즉, 2×4는 2+2+2+2를 말한다. 이집트 사람들도 이러한 곱셈의 원리를 알고 있었지만, 오늘날의 곱셈 같은 정교한 계산법을 만들지는 못했다.

이번에는 이집트 사람들이 26×33을 어떤 방법으로 계산했는지 알아보자. 26을 2의 배수들의 합으로 나타내면, 16+8+2가 된다. 이때 26×33은 26을 33번 더한 수 또는 33을 26번 더한 수이므로, 이것을 쪼개 '33을 16번 더한 수'+'33을 8번 더한 수'+'33을 2번 더한 수', 즉 (33×16)+(33×8)+(33×2)로 쓸 수 있다.

이집트 사람들은 26×33을 계산하기 위해 26을 2의 배수들로 쪼개고, 33의 배수들을 다음과 같이 나타냈다.

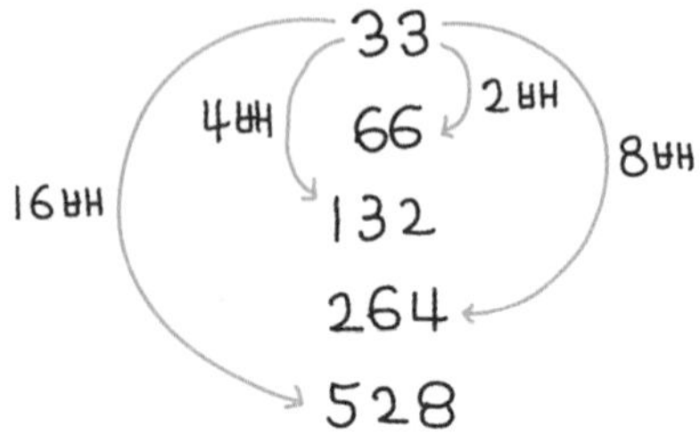

그런 다음 앞에서 구한 식 (33×16)+(33×8)+(33×2)를 계산하면 33×16은 528, 33×8은 264, 33×2는 66이므로, 이를 모두 더하면 858이 된다. 그냥 곱셈하는 것보다 그 개념을 이해하는 일이 더 어려운 것 같다. 지금 우리가 사용하는 수학이 얼마나 편리하고 간편한 공식으로 발전되어온 것인지 잘 알 수 있을 것이다. 이렇게 계산을 잘하는 여러분이 당시 이집트에서 태어났다면 아마 최고의 수학자가 되었을지도 모르겠다.

이집트의 나눗셈 방법

이제 나눗셈으로 들어가보자. 기본적으로 그 방법은 곱셈과 똑같다. 곱셈을 거꾸로 하는 것이 나눗셈이다. 지금 우리가 사용하는 나눗셈도 마찬가지다. 8÷4는 2라고 했을 때, 8÷4의 의미는 무엇일까? 8을 4로 똑같이 나눈다는 의미도 있지만, 8에 4가 몇 번 들어가느냐는 의미도 있다. 따라서 8에는 4가 두 번 들어간다는 뜻에서 8÷4의 답이 2가 된다.

그렇다면 9÷2를 예로 들어보자. 9에는 2가 네 번 들어가고 1이 남으므로 나머지가 1이 된다.

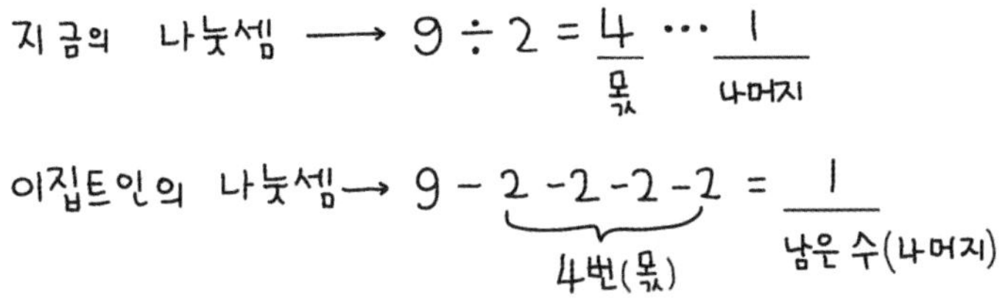

이집트 사람들의 나눗셈 방법은 앞에서 설명한 곱셈 방법을 응용한 것이다. 753÷26을 한번 풀어보자. 앞에서 계산한 것처럼 우선 26의 배수들을 753이 넘기 바로 직전까지 쓰면 된다.

416의 2배는 832로 753이 넘기 때문에 더 이상 쓰지 않는다. 그리고 마지막 수였던 416에서 그 앞 수들을 더하면 416+208+104=728이 되는데, 416은 26의 16배, 208은 26의 8배, 104는 26의 4배다. 그러므로 결국 728은 26의 28배(16+8+4=28)라는 결론이

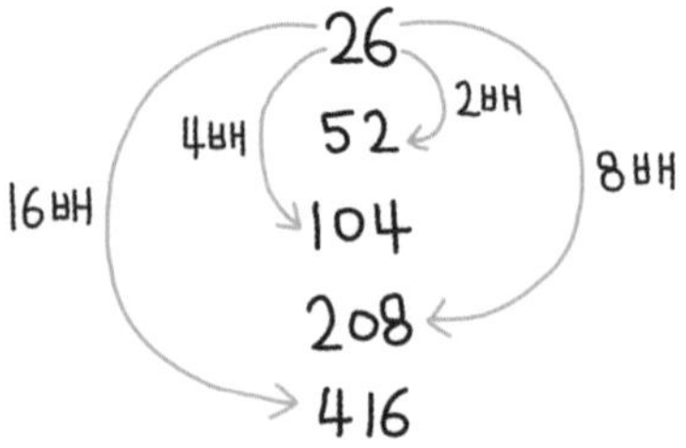

나온다. 그리고 753이 되려면 25만큼이 더해져야 한다는 것까지 알 수 있다. 즉 앞의 계산에 따르면 753÷26은 몫이 28이고, 나머지가 25라는 답이 나온다.

이집트 사람들이 구한 원주율

《린드 파피루스》에는 이집트 사람들이 원주율의 값을 이미 알고 사용했다는 사실을 증명하는 문제가 실려 있다. "원의 넓이를 구하려면 지름의 $\frac{1}{9}$을 뺀 후에 그것을 제곱한다"라는 기록이 바로 그것이다.《린드 파피루스》에 실려 있는 50번 문제를 단위에 상관없이 번역하면 다음과 같다.

지름의 길이가 9인 원의 넓이는?

지름 길이의 $\frac{1}{9}$만큼, 즉 1을 빼면 8이 남는다. 8 곱하기 8을 하면 64다.

따라서 원의 넓이는 64다. 계산 과정을 보면 다음과 같다.

1	8
2	16
4	32
8	64

곱하기 기호가 없었던 당시의 계산 과정은 이와 같았다. 이집트 사람들이 곱셈을 할 때 2배, 4배…를 계속 적은 것처럼 이 문제도 한 번에 답을 구하는 것이 아니라 계산되어 나온 8의 1배, 2배, 4배, 8배를 적어서 계산하고 있음을 알 수 있다.

이집트에서 어떻게 원주율을 구했는지 정확하게 알 수는 없지만, 이집트 사람들은 원의 넓이와 같은 정사각형을 찾기 위해 노력했다. 《린드 파피루스》를 쓴 아메스는 원의 넓이가 지름의 $\frac{8}{9}$을 한 변의 길이로 하는 정사각형의 넓이와 같다는 사실을 알아낸 것으로 추측된다. 이 방법에 따르면, 원주율은 약 3.16049로 지금 우리가 사용하는 3.14와 거의 같다.

4

이집트 수학 2

이집트 유물에 숨겨진
수학적 원리는
무엇일까?

A
B
C
51°
1/8
1/32
1/64

피자 한 판을 4명이 똑같이 나누어 먹으려면 한 사람이 얼마씩 먹어야 할까? 그렇지. 각자 피자의 $\frac{1}{4}$씩 먹으면 될 거야. 이렇게 분수는 간단하게 전체와 부분을 나타낼 수 있는 장점이 있단다.

그렇다면 인류가 분수를 사용하기 시작한 것은 언제부터일까? 유럽에서 아라비아 숫자를 사용하기 시작한 것이 1400년대가 넘어서니까 그 이후일 거라고?

아니~ 놀랍게도 인류는 숫자를 만들어 사용했을 때부터 분수도 함께 사용했단다. 사실은 수학적으로 뛰어나서가 아니라 나눗셈을 잘하지 못해서 분수로 나타낼 수밖에 없었던 거야. 숫자를 쓰는 법도 제대로 모르는 사람들에게 몫이나 나머지를 구하는 것은 더더욱 어려운 일이었거든.

물론 이집트에서도 분수를 만들어 사용했단다. 이집트 사람들은 분자가 1인 단위 분수를 사용했는데, 실생활에서뿐만 아니라 신화에도 분수가 등장하고 있어.

그럼, 이집트 사람들의 분수 이야기 속으로 출발해볼까?

이집트의 분수

《린드 파피루스》에는 이집트의 분수가 잘 나타나 있다. 아라비아 숫자가 등장하지 않았던 시절에 사람들은 어떻게 분수를 사용했을까?

분수는 사람들이 숫자를 만들어 쓰기 시작한 때와 비슷한 시기에 만들어졌다. 나눗셈이나 소수에 대한 개념이 전혀 없었던 사람들은 $1\div6$의 답을 구할 수가 없어서 그냥 $\frac{1}{6}$이라고 썼다.

고대 이집트에서는 모든 분자를 1로 나타냈다. 즉 우리는 $2\div5$를 간단하게 $\frac{2}{5}$라고 쓰지만, 이집트에서는 $\frac{1}{3}+\frac{1}{15}$이라고 썼다.

$$\frac{1}{3}+\frac{1}{15}=\frac{5}{15}+\frac{1}{15}=\frac{6}{15}=\frac{2}{5}$$

이런 방식이 틀린 건 아니지만 아마도 불편했을 것이다. 물론 분자가 1인 단위 분수들 역시 각각의 상형 문자를 가지고 있었다. 이들 기호는 다음과 같다.

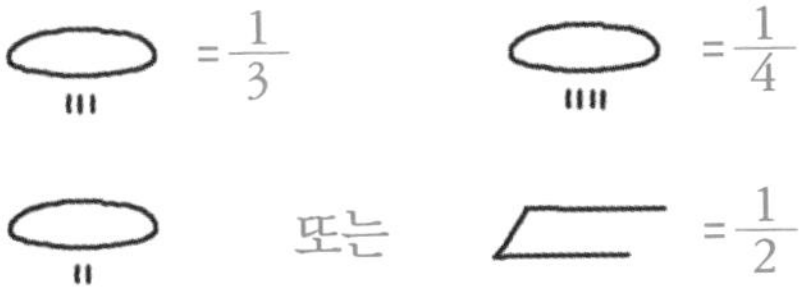

단위 분수를 좋아했던 이집트 사람들은 단위 분수로 신화까지 만들었다. 다음 이야기를 살펴보자.

단위 분수로 만든 호루스 신화

이집트 사람들도 바빌로니아 사람들이나 그 밖의 다른 고대 민족처럼 자연의 힘 앞에서는 너무나 나약한 존재였다. 왜 천둥이 치고 비가 오는지, 왜 밤낮이 바뀌는지 몰랐다. 그래서 이집트 사람들은 자연을 하나의 신으로 섬겼다.

그렇다면 모든 자연신 가운데 가장 높은 신은 누구였을까? 이집트 사람들은 지상의 그 어떤 빛보다도 강한 태양을 최고의 신이라 여기고, 태양의 빛을 '신의 눈동자'라고 생각했다. 이 신의 눈동자를 바탕으로 단위 분수 이야기가 더해져 호루스 신화가 탄생했다.

아주 오래전 고대 이집트에는 하늘의 신과 땅의 신 사이에서 태어난 오시리스라는 신이 있었다. 오시리스의 동생인 세트는 성격이 매우 포악했는데, 왕이 되고 싶은 마음에 그만 형 오시리스를 죽이고 말았다. 하지만 오시리스의 아내 이시스가 남편을 부활시켜 저승의 왕이 되게 했고, 그 저승의 힘으로 아이를 가졌다. 그 아이가 바로 호루스다.

어른이 된 호루스는 세트를 물리쳐 아버지의 복수를 하고 왕이

벽화 속의 호루스 신과 호루스 신전 앞을 지키는 매의 석상 오시리스와 이시스 사이에서 태어난 호루스는 오시리스 신화의 주인공으로, 벽화에서 매의 머리를 가진 남자의 모습으로 표현되었다. 오른쪽은 매의 석상으로, 호루스 신에게 바쳐진 신전 앞에 세워져 있다.

되지만, 세트와의 전쟁에서 그만 왼쪽 눈을 잃고 만다. 다행히도 산산조각 난 호루스의 눈을 지혜의 신 토드가 다시 모아 원래의 모습을 찾게 도와준다. 그리하여 호루스의 건강한 오른쪽 눈은 태양이, 토드가 되찾아준 왼쪽 눈의 검은 눈동자는 달이 되어 낮과 밤을 밝혀주게 되었다는 이야기다.

이집트 사람들은 이 신화에 나오는 호루스의 왼쪽 눈을 자신을 보호해주는 부적으로 사용했다. 나쁜 기운으로부터 자신을 지키기 위해 호루스의 눈을 미라가 착용하는 귀금속이나 장신구에 그려 넣

호루스의 눈과 이를 분수로 나타낸 그림 호루스의 눈은 왕을 보호하는 '완전한 것'의 상징으로, 미라가 착용하는 장신구나 부적에도 많이 쓰였다.

곤 했다.

그렇다면 호루스 신화에서 단위 분수 이야기는 어디에 나올까? 세트와의 전투에서 호루스는 왼쪽 눈이 여러 조각으로 나뉘는데, 그 조각들의 크기가 단위 분수로 표현되고 있다.

$$\frac{1}{2}+\frac{1}{4}+\frac{1}{8}+\frac{1}{16}+\frac{1}{32}+\frac{1}{64}$$

그런데 호루스의 눈에 나타난 분수를 모두 더하면 $\frac{63}{64}$이므로 완전한 1은 아니다. 토드는 나머지 $\frac{1}{64}$에 해당하는 조각을 끝까지 찾지 못했던 것이다. 그래서 이집트 사람들은 호루스의 눈을 치유해 준 토드가 나머지 $\frac{1}{64}$을 채워준다고 여겼다.

79번 문제의 진실

《린드 파피루스》에 실린 문제 대부분은 해독되어 답을 알 수 있지만, 79번 문제는 아직까지 해독되지 못하고 있다. 다음 문제를 살펴보자.

집	7
고양이	49
쥐	343
밀 이삭	2,401
홉	16,807
	19,607

무슨 내용인지 도무지 알 수가 없다. 수들을 살펴보면 모두 7배씩 늘어나고 있고, 마지막 수는 그 수들의 합이다. 그래서 처음에 이 문제를 본 수학자들은 이집트식 곱셈 방법 중 하나인데 구분하기 쉽게 각 수에 집, 고양이 등의 이름을 붙였을 것이라 생각했다고 한다.

그런데 1907년 역사학자 모리츠 칸토어(1829~1920)는 이 문제가 중세 시대에 널리 알려졌던 문제와 비슷하다고 주장했다. 중세 시대의 문제는 다음과 같다.

로마로 가는 길에 7명의 늙은 여자가 있었다. 여자들은 각자 노새 7마리씩을 데리고 있었고, 각 노새는 7개의 부대를 등에 지고 있었고, 각 부대 안에는 7개의 빵이 있었고, 각 빵에는 7자루의 칼이 있었고, 각 칼에는 7개의 칼집이 있었다.

그러면 로마로 가는 길 위에 있는 여자, 노새, 부대, 빵, 칼, 칼집을 모두 합하면 얼마인가?

이 문제는 1200년대 이후 영국의 동요에도 비슷하게 등장한다.

내가 세인트 이브스로 가고 있을 때
아내 7명을 거느린 남자를 만났다네.
각 아내는 7개의 부대를 들고 있었지.
각 부대 안에는 7마리의 고양이가 놀고 있었고
각 고양이는 7마리의 새끼를 데리고 있었네.
아내와 부대, 고양이와 그들의 새끼까지 모두
얼마가 세인트 이브스로 가고 있을까?

칸토어의 해석에 따르면, 《린드 파피루스》에 실린 본래의 문제는 다음과 같았다.

7채의 집이 있는데, 각 집에는 7마리의 고양이가 있고, 각 고양이는

7마리의 쥐를 잡아먹었고, 각 쥐는 7개의 밀 이삭을 먹었고, 각 밀 이삭은 7홉의 곡식을 만들 수 있다.

집, 고양이, 쥐, 밀 이삭, 홉의 수를 모두 더하면 얼마인가?

아메스가 이 문제를 파피루스에 옮겨 적었을 때는 이미 누군가 이 문제를 만든 이후였다. 79번 문제는 그로부터 3000년 이상의 세월이 지난 중세 시대의 문제와도 관련이 있으며, 또 그로부터 750여 년이 지난 후 영국의 어린이들이 부르던 노래에도 영향을 미쳤다. 영국의 오래된 동요의 가사가 고대 이집트의 문제와 관련 있다니 정말 놀랍지 않은가?

《모스크바 파피루스》의 14번 문제

《린드 파피루스》 외에 1893년 이집트에서 발견되어 1930년에 편집자의 주석을 달아 출판된 《모스크바 파피루스》에도 이집트 수학에 관한 내용이 담겨 있다. 《모스크바 파피루스》에는 25개의 수학 문제가 실려 있는데, 수준 높은 기하학 문제들의 다양한 풀이법을 볼 수 있다. 그중 가장 유명한 14번 문제는 피라미드의 부피를 구하는 문제다.

양 밑면의 한 변이 각각 4, 2인 정사각형이고, 높이가 6인 절단된 피라미드의 부피를 구하라.

이 문제에서 말하는 도형을 나타내면 다음과 같다.

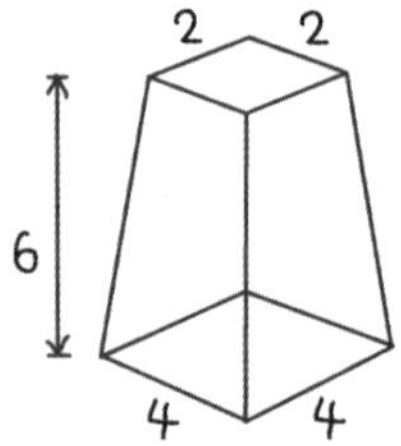

이 같은 형태의 부피를 구하는 법은 고등학교에서 배우는 내용으로, 이집트 사람들이 당시 이런 문제를 풀 수 있었다니 놀라울 따름이다. 이는 땅을 측량하고 많은 건축물을 지으면서 필요한 수학 지식이 쌓인 결과라고 할 수 있다. 이집트 사람들은 조상이 죽은 후에 영혼의 삶을 즐길 수 있도록 무덤과 사원을 건설해 시체를 잘 모셨다. 그리고 무덤과 사원 안에 각종 유물과 기록을 함께 묻고, 그 안을 화려한 그림과 보물들로 장식했다. 이 무덤이 바로 여러분이 잘 알고 있는 피라미드다. 이러한 풍습 덕분에 여러 가지 유물이 잘 보존되어 우리가 이집트의 문화와 수학을 배울 수 있는 것이다.

파피루스에 그려진 〈사자의 서〉 죽은 사람이 심판대로 가는 모습을 묘사한 것이다. 그림을 살펴보면 왼쪽의 저울에서 양심을 상징하는 심장의 무게를 측정하고 사후 세계의 제왕 오시리스 신에게 심판을 받는다.

왕의 무덤, 피라미드

건조한 기후에 돌이 많았던 이집트에서 큰 돌을 이용해 피라미드 형태로 무덤을 만든 것은 어쩌면 당연한 일인지도 모른다. 그런데 왜 왕들은 이렇게 무덤을 거대하게 만들었을까?

이집트에서 왕은 태양신 '라'의 아들로 '파라오'라고 불렸다. 이집트 사람들은 파라오가 죽고 나면 저승의 신 오시리스와 한 몸이 된다고 믿었다. 그뿐만 아니라 오시리스와 한 몸이 된 파라오가 저승에서 신으로 부활해 나일강의 홍수를 조절한다고 믿었다. 그래서 파라오의 무덤인 피라미드를 크고 화려하게 만들었던 것이다.

피라미드처럼 거대한 건축물을 만들었다는 것은 수학과 건축이 그만큼 발달했음을 뜻한다. 이집트의 건축가들은 끈 하나를 12등분한 다음 11개의 매듭을 지어 그 위치를 표시하고, 각 변의 길이가 3, 4, 5인 직각 삼각형을 만들어 직각을 설계했다는 기록도 있다.

직각 삼각형에서 변들의 관계를 정리한 것이 바로 피타고라스 정리다. 이집트 사람들은 피타고라스처럼 수학적으로 증명하지는 못했지만, 직각 삼각형 변들의 관계에 대해서는 이미 알고 있었다.

이집트의 나일강 근처에는 35개의 거대한 피라미드가 있다. 피라미드에서 왕의 시신은 귀금속 등 값진 물건들로 가득 채워진 비밀의 방에 안치되어 있고, 간혹 왕의 피라미드 옆에 왕비의 시신을 안치하기 위한 작은 피라미드를 건설하기도 했다.

그런데 이집트 사람들은 왜 이렇게 독특한 형태로 무덤을 만들었을까? 네모나거나 둥글게 만들어도 되었을 텐데 말이다. 피라미드를 살펴보면 모서리의 기울기가 태양의 기울기와 평행하게 설계되어 있다. 이는 왕의 영혼이 빛을 따라 하늘로 올라가 신이 되게 하기

파라오의 장례

이집트 사람들은 죽은 후에도 영원의 삶을 살 것이라 믿었기 때문에 파라오가 죽으면 몸이 썩지 않도록 특별하게 처리를 했다. 그것이 여러분도 잘 알고 있는 미라다.

파라오가 죽으면 먼저 몸속의 내장을 꺼내 배속에 향료를 넣은 다음 소금물에 절인 뒤 수분을 모두 제거했다. 그리고 나서 시신을 하얀 천으로 감싸서 사람 모양의 관에 넣었다.

마지막으로 제사장의 주도 아래 미라의 '입을 벌리는 의식'이 치러진다.

이를 통해 죽은 사람은 저세상에서도 먹고 마시고 이야기할 수 있다고 믿었기 때문이다. 그리고 죽은 사람이 사후의 세상에서 사용할 수 있도록 살아생전에 쓰던 물건들도 함께 넣어주었다.

이집트 쿠르나에서 발견된 석관 관의 내부는 장례 의식과 관련된 장면을 그린 그림들로 화려하게 장식되어 있다.

위해서다. 태양을 숭배하고 왕을 신과 같이 생각했던 이집트 사람들의 믿음이 이와 같이 아름다운 무덤을 탄생시킨 것이다.

기자의 피라미드

기자의 피라미드는 이집트의 피라미드 가운데 가장 웅장하다. 이 피라미드는 기원전 2575년경 나일강 서쪽의 기자 지역에 세워졌다. 이 피라미드에는 무려 600만 톤의 돌이 사용되었다고 한다. 피라미드의 높이는 170미터 정도 되는데, 네 면에서 돌을 쌓아 올리기 시작해 꼭대기에 도달하면 각 높이의 차가 불과 20센티미터도 안 되었다고 한다. 이집트 사람들의 설계 실력이 정말 대단했던 모양이다.

이제 기자의 피라미드에 대해 자세히 살펴보도록 하자. 우선 피라미드를 세운 각도는 아래 그림에 표시된 ∠ACB의 각도대로 51도

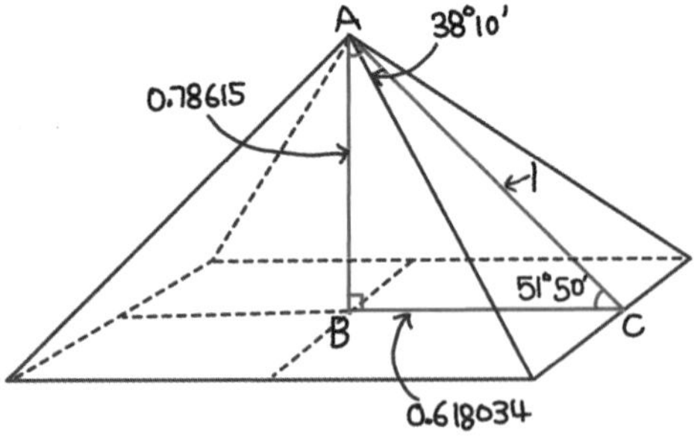

이집트 기자 지구의 피라미드 나일강 서쪽의 바위 고원에 세워진 것으로, 크고 작은 9개의 피라미드가 있다. 이 가운데 '세계 7대 불가사의'의 하나로 꼽히는 쿠푸 왕의 피라미드는 높이가 146.5미터다.

정도다. 피라미드는 돌을 차곡차곡 쌓아 올려서 만들었기 때문에 기울기가 심하면 무너지기 쉽고, 반대로 지나치게 완만하면 왕의 권위가 살지 않았다. 그래서 이집트 사람들은 피라미드를 높이 쌓으면서도 안정적인 구조를 만들기 위해 약 51도의 각도를 사용했다고 한다.

왜 51도였을까? 가는 모래를 바닥에 조금씩 흘리면 조그마한 모래 산이 만들어진다. 이 모래 산이 가장 높이 쌓였을 때 기울기가 약 51도쯤 된다. 아마도 이집트 사람들은 이렇게 자연스럽게 만들어진 형태가 가장 안정감 있을 것이라고 생각해 기울기를 51도로 정했을 것이다.

이번에는 피라미드 각 변의 관계에 대해 살펴보자. 기자의 피라미드에서 빗변의 길이가 1일 때 높이는 0.78615가 된다. 이때 피라미드 높이를 반지름으로 하는 원의 둘레의 길이를 구하면, $2\times\pi(\fallingdotseq 3.14)\times 0.78615 \fallingdotseq 4.937022$가 나온다. 이 값은 바로 피라미드 밑면

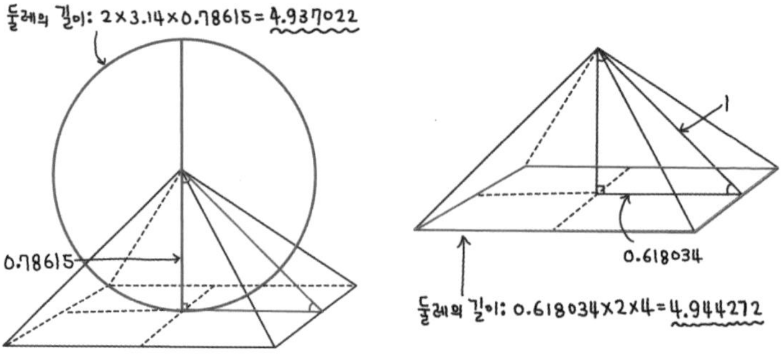

둘레의 길이와 거의 같다.

즉, 피라미드의 높이는 원의 반지름이고, 피라미드 밑면 둘레의 길이는 그 원 둘레의 길이와 같다는 이야기다.

그렇다면 이러한 설계에는 어떤 의미가 있을까? 빗변의 길이가 1인 직각 삼각형에서 빗변의 길이를 밑변의 길이 0.618034로 나누어보면 약 1.6180339가 된다. 이것은 바로 황금비의 값이다.

어떤 것을 둘로 나누었을 때 각 부분의 비가 약 1 대 1.618이면 사

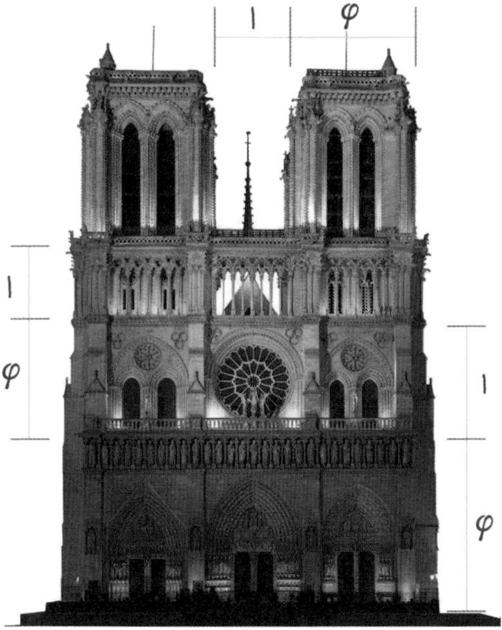

노트르담 성당 성당 정면의 가로와 세로의 비율이 1 대 1.618인 황금비로 설계되었다.

람들이 가장 아름답다고 느끼는 '황금비'라고 한다. 황금비는 그리스 문자로 φ(피)라고 하며, 그리스의 파르테논 신전, 파리의 노트르담 성당 등 많은 건축물과 미술품에 사용되었다. 황금비와 관련한 미술품과 건축물은 6장 '그리스 수학 2'에서 다시 이야기하도록 하겠다.

투탕카멘의 황금 가면

기자의 피라미드는 그냥 무작정 쌓은 것이 아니라 사람들이 보았을 때 아름답다고 느낄 수 있도록 계산되고 설계된 것이다. 이러한 황금비는 피라미드뿐만 아니라 여러 왕의 유물에도 잘 나타나 있다. 이집트 왕이었던 투탕카멘(고대 이집트 18대 왕조 12대 왕)의 유물을 살펴보자.

다음 그림처럼 정오각형 안에 별을 그리면 그 별의 선분들은 서로 황금비를 이루게 된다.

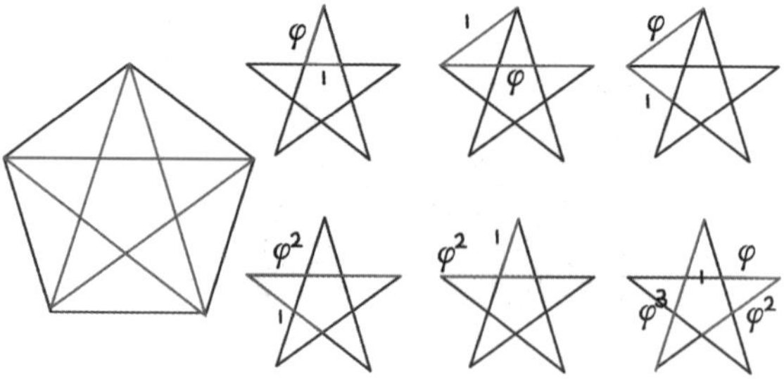

투탕카멘의 황금 가면과 보석 세공품 투탕카멘 무덤에서 발굴된 화려한 유물들은 별의 황금비로 아름답게 설계되었다.

사진에서처럼 투탕카멘의 황금 가면 역시 정오각형 안에 들어가 있고, 별의 변들을 중심으로 황금비를 이루고 있다. 투탕카멘의 보석 세공품 역시 정오각형 안에 별을 그린 황금비를 사용했다. 이 밖에도 많은 이집트 왕의 보석과 다양한 건축물에서 정오각형과 황금비를 이용한 구조를 찾아볼 수 있다.

좌우 대칭을 이루는 정교한 왕의 유물들

다른 유물들을 살펴보면 황금비 외에도 간단한 기하학을 이용해 설계한 작품들이 있다. 이집트 시대에는 컴퓨터나 보석을 세공하는 기계가 있었던 것도 아닌데 어떻게 손으로 완벽하게 좌우 대칭을 이루는 정교한 작품들을 만들 수 있었을까? 다음 그림을 보자.

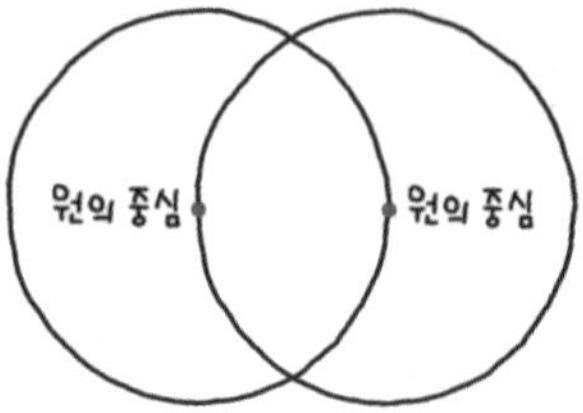

원리는 원을 그리는 것에서 시작한다. 컴퍼스를 사용해 동그란 원을 하나 그린 뒤 합동인 원을 하나 더 그리되, 원의 중심이 다른 원 위에 있도록 그린다.

이것은 아득히 먼 옛날부터 서양에서 도형을 그리는 방법으로 흔히 사용했던 '베시카 피시스(vesica piscis)'라는 작도법이다. 베시카 피시스는 라틴어로 '물고기 부레'라는 뜻이다. 정말 베시카 피시스법으로 그려졌는지 이집트의 유물 중 하나인 이시스와 네프티스를 나타낸 보석 장식 위에 원을 그려보자.

그림에서 보듯이 정확한 대칭을 이루고 있다. 붉은 선을 살펴보면, 각 원의 중심을 이은 선은 원과 원이 만나는 점을 이은 선을 정확하게 반으로 나누고 있다.

원과 사다리꼴을 응용한 디자인

이집트 왕이었던 세누세레트 2세의 유물인 석상은 베시카 피시스로 그린 사다리꼴을 토대로 만들어졌다. 석상의 설계 방법은 일단 베시카 피시스를 그리고, 두 원의 중심을 지나는 선을 그어(다음 쪽의 그림에서 빨간색 선) 사다리꼴을 만든 다음, 이 사다리꼴의 평행과 대칭을 이용해 완벽한 석상의 얼굴을 창조하는 것이다. 그리고 그 안에 만들어진 삼각형으로(노란색 선과 분홍색 선) 눈, 코, 입, 이마의 위치를 정해 균형 있는 얼굴을 만들었다.

이렇게 원과 사다리꼴을 응용한 디자인은 세누세레트 2세의 무

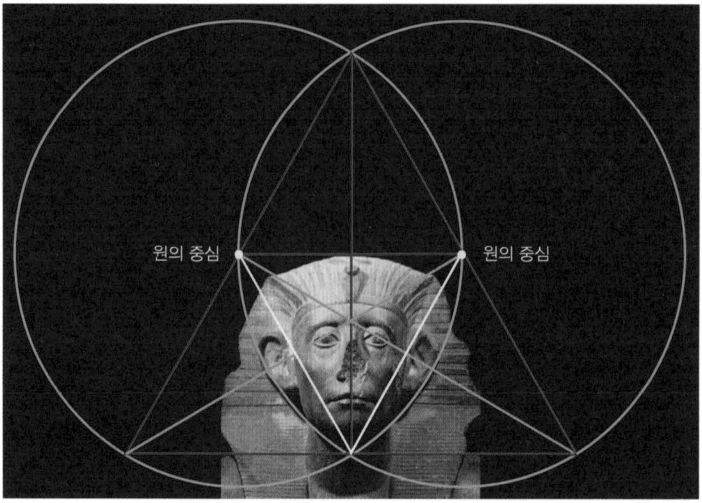

덤에서 찾아낸 보석 장식에도 그대로 적용되었다.

원을 이용해 사다리꼴을 그리고, 그 사다리꼴을 이용해 좌우 대칭이 되는 아름다운 미술품을 만들다니 정말 놀랍다. 이제, 그림을 그릴 때 그냥 손 가는 대로 그리지 말고 베시카 피시스를 이용해 황금비로 표현해보는 것은 어떨까?

그러나 이렇듯 찬란했던 이집트 문화는 391년 로마 황제가 로마 제국에 있는 그리스도교 이외의 모든 종교 신전을 폐쇄하라는 명령을 내리면서 역사 속으로 사라졌다. 당시 이집트는 이미 동로마 제국의 점령지였다.

이 명령에 따라 태양신을 비롯한 각종 신을 섬기던 이집트의 신

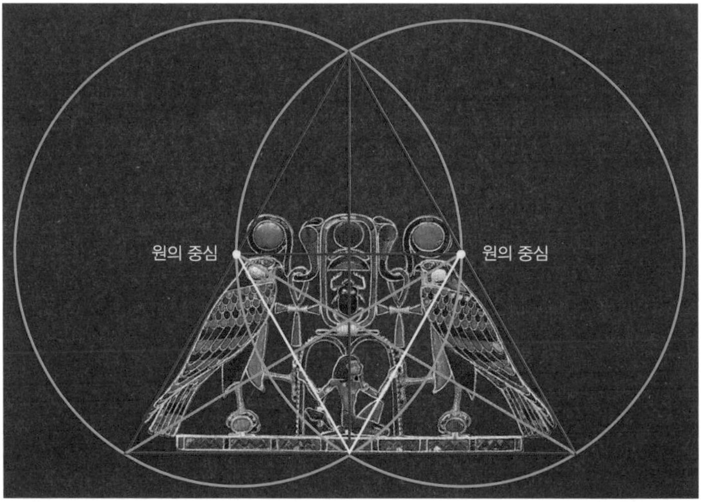

전들은 모두 문을 닫았다. 또 신전에서 제사 의식을 행하던 사제들도 뿔뿔이 흩어져, 나중에는 상형 문자를 해석할 수 있는 사람이 한 명도 남지 않게 되었다. 이렇게 이집트의 문화는 종말을 맞게 된다.

5

그리스 수학 1

그리스 수학은

이집트 수학과

어떻게 달랐을까?

바다의 신 포세이돈, 인간에게 불을 훔쳐다 준 프로메테우스, 사랑과 미의 여신 아프로디테와 지혜의 신 아테나, 그리고 신들의 제왕인 제우스까지 수많은 신이 등장하는 그리스 신화는 흥미진진해.

그런데 이 신들을 잘 살펴보면 서로 사랑하고 싸우는 모습이 사람들이 살아가는 모습과 똑같아. 게다가 그리스 시대에 발전한 과학과 수학은 신화까지 현실적인 내용으로 바꾸는 역할을 했단다.

그리스는 오리엔트 지역과 활발히 무역을 하며 그곳의 문물을 받아들이고, 과학적 사고를 바탕으로 철학과 수학을 발전시켰지. 그리스의 수학자들은 노동은 노예에게 맡기고 오로지 자와 컴퍼스만을 가지고 논리적이고 합리적인 '증명'을 하는 데 골몰했다고 해.

소크라테스나 플라톤 같은 철학자와 피타고라스나 유클리드 같은 위대한 수학자가 등장해 여러 사상을 꽃피운 그리스 시대로 다 함께 떠나보자.

그리스 문명의 기반이 된 에게 문명

기원전 3000년경 바빌로니아와 이집트가 국가를 이루고 많은 발전을 하는 사이, 지중해 동부 에게해 연안에서도 크레타섬을 중심으로 청동기 문명이 움트고 있었다. 이곳에서 발전한 크레타 문명(미노아 문명)과 미케네 문명을 합해서 '에게 문명'이라고 한다.

이집트나 바빌로니아 같은 지역과 무역을 하는 데 중심 역할을 한 크레타 문명, 그리고 그런 크레타 문명과 전쟁을 일삼으며 그 일대를 지배한 미케네 문명은 모두 다른 민족의 침입으로 파괴되었다. 그러나 그들이 남긴 문화유산은 계속 이어져 찬란한 그리스 문화를 꽃피우는 데 바탕이 되었다.

그리스 문명의 발상지 에게해 이곳에서 에게 문명이 꽃피었고, 나중에 그리스 문명으로 이어져 서구 문명의 기원이 되었다.

그리스 문화를 꽃피운 에게 문명

에게해 남단에 위치한 섬 크레타는 교통의 중심지로서 메소포타미아의 앞선 문물을 받아들이고, 에게해 모든 지역으로 힘을 뻗쳐 강력한 왕국을 건설했다. 크노소스 왕궁 터에 남아 있는 벽화와 유적들은 크레타 문명이 얼마나 발달했는지를 잘 보여준다.

미케네 문명은 튼튼한 성을 기반으로 주변 왕국들과 자주 싸움을 벌이며 세력을 과시했다. 하지만 기원전 1100년경에 북쪽에서 내려온 도리아인에 의해 멸망하고 말았다. 그때 미케네 문명이 건설한 많은 건축물과 문자들이 역사 속으로 함께 사라졌다. 흑해로 들어가는 입구에 위치한 트로이는 교역의 중심지로 경제적 번영을 누렸다. 하지만 기원전 1200년경에 일어난 트로이 전쟁이 10년이나 지속되면서 점차 쇠락의 길로 접어들었다.

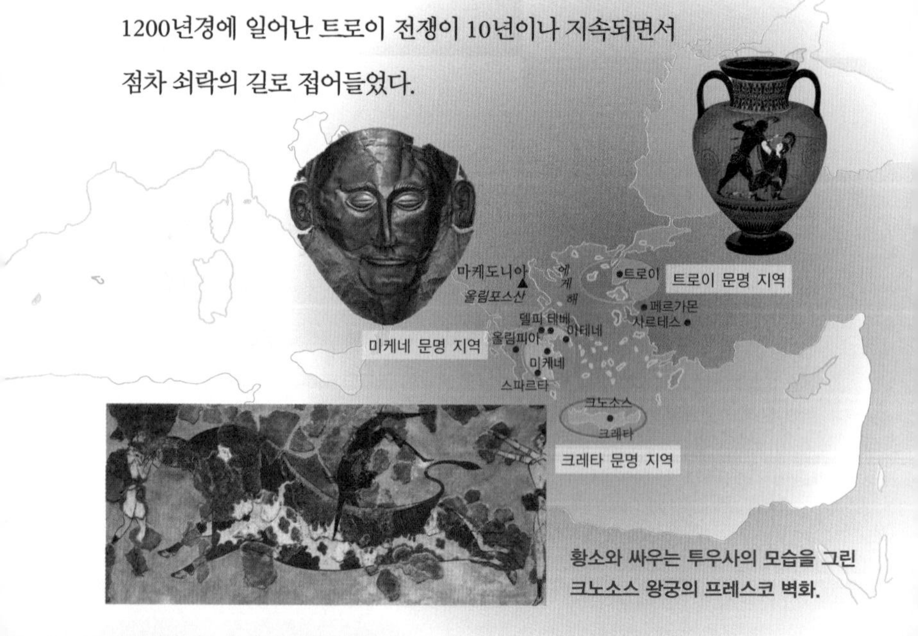

황소와 싸우는 투우사의 모습을 그린 크노소스 왕궁의 프레스코 벽화.

그리스 문명의 발달

기원전 8세기경 미케네 문명이 사라졌던 지역에 새로운 도시 국가들이 생겨나면서 그리스 문명을 이룩하게 되었다. 그리스 지역은 산지가 많아 도시들이 분리되어 발달할 수밖에 없었다. 각각의 도시는 작은 국가로서 교역을 하며 서로 동맹을 맺어 다른 민족이 쳐들어오면 보호해주는 공동체이기도 했다.

그리스는 겨울에 따뜻하고 여름에 건조해 1년 내내 좋은 날씨가 유지되는 곳이었다. 사람들은 자연스럽게 야외 생활을 즐겼고, 서로 대화할 수 있는 기회도 많았다. 다른 고대 국가들처럼 큰 강을 정비하기 위해 많은 노동력을 동원할 필요도 없었고, 사람들을 모으기 위한 강력한 왕도 필요하지 않았다. 그래서 그리스는 다른 고대 국가들과는 달리 민주적으로 발전할 수 있었다.

이러한 그리스에 딱 한 가지 부족한 점이 있다면 그건 바로 농작물이었다. 그리스에는 산이 많아 농사를 지을 수 있는 땅이 전체 국토의 20퍼센트도 채 되지 않았다. 또한 비가 적게 오고 땅도 비옥하지 않아서 건조한 지역에서 잘 자라는 포도나 올리브 같은 농작물을 주로 재배했다.

사회가 발전함에 따라 인구가 늘고 식량이 부족하게 되자 그리스 사람들은 바다로 진출해 해상 무역을 하면서 상공업을 발전시켜나갔다. 무역이 발달하면서 많은 돈을 벌게 된 그리스 사람들은 노예

페니키아 문자	로마자	페니키아 문자	로마자	페니키아 문자	로마자
𐤀 (알레프)	A	𐤈 (테트)	T	𐤐 (페)	P
𐤁 (베트)	B	𐤉 (요드)	Y	𐤑 (차데)	C
𐤂 (기멜)	G	𐤊 (카프)	K	𐤒 (코프)	Q
𐤃 (달레트)	D	𐤋 (라메드)	L	𐤓 (레스)	R
𐤄 (헤)	H	𐤌 (멤)	M	𐤔 (신)	S
𐤅 (바브)	W	𐤍 (눈)	N	𐤕 (타우)	T
𐤆 (자인)	Z	𐤎 (사메크)	S		
𐤇 (헤트)	H	𐤏 (아인)	O		

페니키아 알파벳 문자.

를 고용해 집안일을 하게 했다. 그러고는 자신들은 무역을 통해 새로운 문물들을 배우며 책을 읽고, 다른 사람들과 토론하며 시간을 보냈다.

한편 그리스 사람들은 페니키아 사람들이 만든 알파벳을 지금의 영어 알파벳으로 발전시키기도 했다. 페니키아 사람들은 지중해 동쪽에서 주로 무역을 하며 살아가고 있었다. 이들은 각각의 소리에 대한 특정한 알파벳 부호를 사용했는데, 그리스 사람들은 그 문자를 그리스에 맞게 변형해 사용했다. 이런 문자의 발달로 그리스에는 지식인들이 더욱 많아졌다.

문화의 발달을 바탕으로 그리스 사람들은 자연 현상을 신의 섭리라 믿었던 다른 고대 민족들과는 달리 이에 대해 '왜 그럴까?'라는 의문을 품었다. 그래서 그에 대한 답을 구하기 위해 활발한 연구를 펼치기 시작했다.

학자들은 수학에서도 마찬가지로 "왜 이등변 삼각형 두 밑각의 크기는 같을까?"라는 근본적인 질문을 던졌다. 이것은 "어떻게 피라미드를 쌓을 것인가?"라는 방법적인 수학에서 더욱 논리적인 수학으로 발전하는 계기가 되었다. 실용적인 수학에서 논증적 방법을 중시하는 수학으로, 새로운 수학의 시대가 열리게 된 것이다.

암호처럼 복잡한 그리스 수 체계

그리스 사람들은 그리스 알파벳을 바탕으로 각 숫자마다 고유한 문자를 만들어 사용했다. 많은 기호를 외워야 하는 어려움은 있었지만 수를 간단하고 정확하게 표현하는 데에는 도움이 되었다.

이러한 수 체계 속에서 그리스 사람들은 수학의 기초를 다지기 시작했다. 바빌로니아 사람들이나 이집트 사람들은 건물을 짓거나 땅을 측량하는 것과 같이 실용적인 문제에 관심이 많았다. 그러나 그리스 사람들은 수학을 증명하고 문제를 푸는 데 더 흥미를 느꼈기 때문에 수 자체나 공식, 도형의 성질에 관한 연구를 많이 했다. 그리스의 정확한 수 체계는 이러한 논리적인 수학 연구의 밑바탕이 되었다.

1	α(알파)	10	ι(요타)	100	ρ(로)
2	β(베타)	20	κ(카파)	200	σ(시그마)
3	γ(감마)	30	λ(람다)	300	τ(타우)
4	δ(델타)	40	μ(뮤)	400	υ(입실론)
5	ε(엡실론)	50	ν(뉴)	500	φ(피)
6	ϛ(디감마)	60	ξ(크시)	600	χ(카이)
7	ζ(제타)	70	ο(오미크론)	700	ψ(프사이)
8	η(에타)	80	π(파이)	800	ω(오메가)
9	θ(세타)	90	ϙ(코파)	900	ϡ(삼피)

그리스 알파벳으로 표현한 수.

최초의 수학자, 탈레스

고대 그리스 학문의 기본은 철학이었다. 철학은 인생이나 세계관에 대해 연구하는 학문이다. 요즘에는 수학과 철학을 다른 학문으로 나누어 연구하지만, 초기에는 이들 모두 '왜?'라는 질문에서 시작해 그 이유를 찾아나가는 과정이라 보고 굳이 분야를 나누지 않았다. 그러므로 수학자가 곧 철학자이기도 했다.

논리적으로 증명하는 수학은 특히 고대 그리스의 이오니아학파가 활발하게 연구했다. 이오니아학파는 기원전 6세기경 이오니아 지방을 중심으로 활동한 철학자들을 일컫는 말이다. 이 학파의 탈레스(기원전 624?~기원전 546?)는 철학자이면서 최초의 수학자이기도 했다. 탈레스가 태어날 당시의 사람들은 날씨와 계절의 변화 등 자연 현상을 신의 뜻이라고 믿었다. 예를 들어 가뭄이나 홍수가 나면 신이 화가 난 것이라고 생각했다.

하지만 탈레스는 의문이 생기는 문제에 대해 과학적으로 설명하려고 노력했다. 탈레스를 시초로 자연 현상을 객관적으로 관찰하고 연구하려는 시도가 생겨났다. 이러한 노력은 과학 발전의 토대가 되었다.

탈레스는 자연 현상뿐만 아니라 수학 문제도 논리적으로 풀기 위해 노력했다. 그는 원리를 파악하는 과정에서 다양한 수학적 성질과 규칙을 발견했고, 가장 기초가 되는 원리를 '공리'와 '공준'● 이라 이름 지었다. 또 공리와 공준이 바탕인 논리적인 근거를 토대로 얻은 성질을 '정리', 이렇게 논리적으로 추론하는 과정을 '증명'이라고 했다.

실제로 탈레스는 원과 삼각형에 관련한 다섯 가지의 기본 정리를 증명했다. 탈레스가 증명한 다섯 가지 기본 정리는 다음과 같다.

● 너무나 당연하고 명확한 진리를 '공리'라 하고, 이 중에 도형(기하학)과 관련된 것을 '공준'이라고 한다.

1. 원의 중심을 지나는 선은 원을 이등분한다.

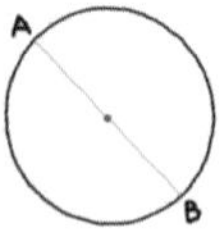

2. 이등변 삼각형의 두 밑각의 크기는 같다.

3. 두 선분이 만나면, 서로 마주 보는 각의 크기는 같다.

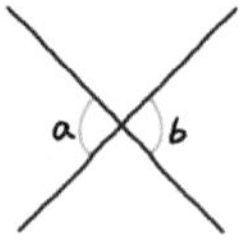

4. 삼각형의 세 꼭짓점이 원 위에 있고, 세 변 중 한 변이 원의 지름이면 그 삼각형은 직각 삼각형이다.

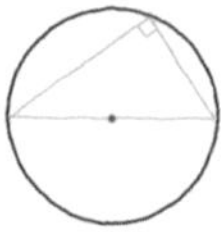

5. 삼각형의 두 각과 그 사이에 있는 변의 길이가 같은 두 삼각형은 합동이다.

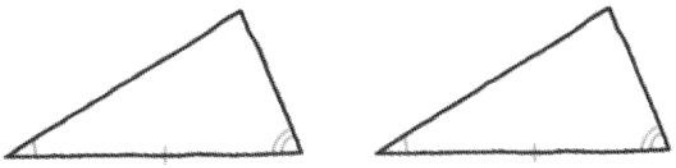

탈레스의 증명은 높은 수준의 수학은 아니지만 논리적인 추론으로 답을 찾았다는 데 그 의미가 있다. 탈레스가 증명하기 전에는 이러한 정리가 왜 맞는지 아무도 논리적으로 설명하지 못했다.

다섯 가지 정리 가운데 세 번째인 "두 선분이 만나면, 서로 마주 보는 각의 크기는 같다"에 대해 탈레스가 증명한 내용을 살펴보자. 탈레스가 이를 증명하기 전 시기의 사람들에게 그림을 보여주며 "왜 $\angle a$와 $\angle b$의 크기가 같을까요?"라고 물어보면 아마 한 각을 잘라서 다른 각에 겹치고는 "똑같잖아요"라고 대답했을지도 모른다. 하지만 탈레스는 논리적 추론으로 두 각이 같음을 증명했다.

먼저 교차하는 두 선분을 그린다. 이때 마주 보는 각을 $\angle a$, $\angle b$라 하고 두 각 사이의 각을 $\angle c$라고 하자.

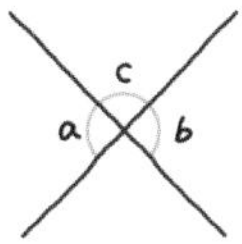

그럼, 탈레스가 어떤 방법으로 증명했는지 살펴보자. 위의 그림을 보면 $\angle a+\angle c=180°$, $\angle b+\angle c=180°$라고 할 수 있다. 이때 각 항에서 $\angle c$를 빼면, $\angle a=180°-\angle c$이고, $\angle b=180°-\angle c$가 된다. $\angle a$와 $\angle b$는 모두 $180°-\angle c$이므로 그 값이 같다고 할 수 있다. 즉, 두 선분이 만나면 서로 마주 보는 각의 크기는 같다는 내용의 증명이 성립된다.

고대 그리스의 문제 해결사

이렇게 철학적으로나 수학적으로 위대한 업적을 쌓아가던 탈레스는 기원전 585년 일식을 정확하게 예측해 사람들을 깜짝 놀라게 했다. 고대 그리스 사람들은 일식에 대해 신이 인간에게 화가 났을 때 태양이 사라지는 현상이라고 믿었다. 탈레스는 천문학 지식을 바탕으로 지구와 태양, 달의 운동 주기를 정확하게 계산했다. 사람들은 탈레스의 설명에 큰 감동을 받았고, 이로 인해 탈레스는 아주 유명해졌다. 그 후로는 탈레스가 가는 곳마다 어려운 문제를 풀어달라고 부탁하는 사람들이 줄을 이었다.

탈레스가 이집트로 여행 갔을 때의 일이다. 이집트의 왕은 탈레스에게 피라미드의 높이를 알고 싶다고 말했다. 피라미드 밑변의 길이를 구하기는 쉬워도 높이를 구하기란 쉽지 않은 일이었다. 고

민하던 탈레스는 시간에 따라 해의 위치가 달라지면서 자신의 그림자 길이가 달라진다는 사실을 깨달았다. 그는 그림자의 길이가 자신의 실제 키와 똑같을 때 피라미드의 높이와 피라미드 그림자의 길이가 똑같을 것이라고 생각했다.

피라미드 높이: 피라미드 그림자 길이=막대 길이: 막대 그림자 길이

$$\text{피라미드 높이} = \frac{\text{피라미드 그림자 길이} \times \text{막대 길이}}{\text{막대 그림자 길이}}$$

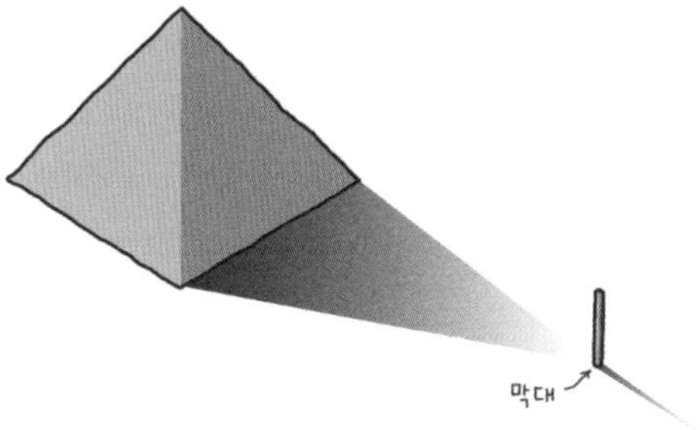

결국 그는 이 같은 사실에 착안해 위의 그림과 같이 피라미드 옆에 막대를 하나 세워두고 그림자의 길이를 계산해 피라미드의 높이를 구했다. 곧고 평행하게 나아가는 빛의 성질을 이용한 것이다.

자신이 서 있는 바닷가에서부터 바다 위에 떠 있는 배까지의 거리를 알고 싶었던 어부들도 탈레스에게 도움을 청했다. 육지에서 바다 위 배까지의 거리를 어떻게 측정할 수 있었을까? 탈레스는 삼

각형의 닮음비●를 이용해 이 문제를 해결했다. 다음 그림을 보면서 탈레스가 어떻게 이 문제를 풀었을지 생각해보자.

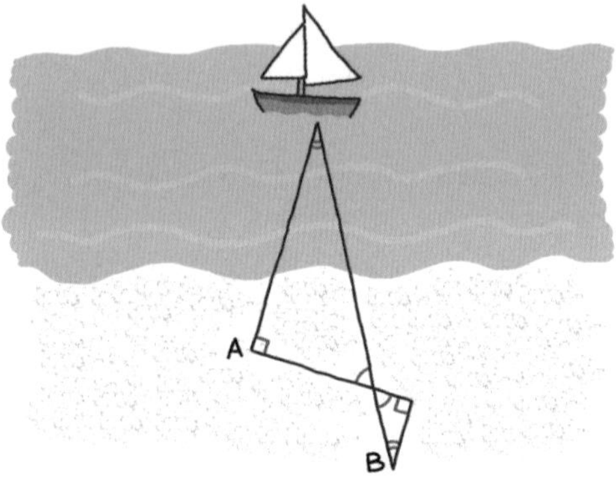

먼저 바닷가에 점 A와 점 B를 그리고, 배가 있는 곳을 향해 각각의 점에서 선분을 그린다. 그리고 점 A에서 배를 바라보며 그린 선분에 수직인 선분을 그린 다음, 이 선분에 수직이면서 점 B를 지나는 선분을 또 그리면 세 각의 크기가 같은 삼각형 2개가 그려진다. 이 2개의 닮은꼴 삼각형에서 바닷가에 있는 4개의 선분의 길이를 재면 닮음비를 구할 수 있다. 이 닮음비를 이용하면 자신이 서 있는 위치에서 배까지의 거리를 구할 수 있다.

● 삼각형에서 세 각의 크기가 모두 같고 변의 길이가 다를 때 두 삼각형을 '닮은꼴'이라고 한다. 또한 닮은꼴 관계에 있는 도형에서 대응하는 선분의 비를 '닮음비'라고 한다.

수학의 체계를 세운 피타고라스

탈레스가 논리적인 수학의 첫걸음을 내디뎠다면, 수학의 체계를 구축한 사람은 피타고라스라고 할 수 있다. 피타고라스는 기원전 500년경 이탈리아 남부에서 수학을 공부하며 학생들을 가르쳤다.

피타고라스가 처음 학생들을 가르치려고 했을 때는 경력도 없고 학자로서의 명성도 없었던 터라 그에게 배우려는 학생이 아무도 없었다. 피타고라스는 학생을 가르치고 싶다는 간절한 마음에 어린 소년에게 돈을 주며 학생이 되어줄 것을 부탁했다. 매일 돈을 주며 소년을 가르치던 피타고라스는 얼마 후 돈이 떨어지자 소년에게 더 이상 수업을 할 수 없다고 말했다. 그러자 이번에는 그 소년이 피타고라스에게 돈을 주며 수업을 받고 싶다고 말했다.

이렇게 학자로서 명성을 쌓아가던 피타고라스는 학교를 세웠다. 이 학교에서는 철학과 수학, 자연과학을 가르쳤는데, 배운 내용을 외부에 함부로 누설하거나 출판할 수 없었다. 이 학교는 행동 규정도 굉장히 엄격했다. 피타고라스를 포함한 이 학교의 사람들은 사람이 죽으면 다른 동물로 환생한다고 믿었기 때문에 고기를 먹지 않았고, 동물의 털이나 가죽으로 만든 옷도 입지 않았다. 또한 콩도 먹지 않고 흰 수탉을 만지지 않는다는 특이한 규칙도 있었다고 한다.

피타고라스와 함께 공부한 사람들의 모임을 피타고라스학파라고 한다. 그들은 평등을 매우 중요시해 재산을 똑같이 나누어 쓰고, 성별을 가리지 않고 학생으로 모임에 참석할 수 있게 했다. 고대 그리스에서는, 여자는 남자보다 머리가 나쁘다고 여겨 수학뿐만 아니라 여러 분야에서 공부할 기회가 전혀 없었다. 그렇기 때문에 피타고라스학파에서 여자를 동등한 학생으로 받아들인 것은 당시로서는 굉장히 파격적인 일이라 할 수 있었다.

피타고라스학파 사람들은 수학을 사랑하고 수를 신성시해 자연에서 일어나는 모든 일을 수로 설명할 수 있다고 믿었다. "모든 것은 수다"를 좌우명으로 삼을 정도였다. 특히 자연수 1, 2, 3, 4를 중요시해서 '사원수'라고 불렀다. 이 수를 얼마나 중요시했는지 비밀의 맹세를 할 때 "나는 우리의 영혼에 부여된 사원수의 이름으로 맹세하노라"라고 말했다고 한다.

이 사원수에는 각각의 다른 의미가 있다. 1은 하나의 숫자일 뿐만 아니라 모든 수의 근원이라고 여겼다. 2는 여자와 남자의 생각이 다른 것을 나타냈고, 3은 여자와 남자의 생각이 똑같은 것을 의미했다. 4는 같은 크기의 4개의 각과 같은 길이의 4개의 변을 가진 정사각형을 나타내며 동시에 평등과 정의를 상징하는 수였다.

피타고라스학파는 학문 연구뿐만 아니라 양성 평등을 비롯한 여러 사회 문제에 대해 의견을 제시하는 등 당시 사회적 영향력이 매우 컸다.

수의 신비를 믿었던 피타고라스학파

피타고라스학파는 사원수 외에도 독특한 특성을 지닌 수들을 좋아했다. 예를 들어 16은 한 변의 길이가 4인 정사각형의 넓이이자 둘레의 길이를 동시에 나타낸다는 것을 알아냈다. 18은 가로가 3, 세로가 6(또는 가로가 6, 세로가 3)인 직사각형의 넓이와 둘레의 길이를 동시에 나타내는 유일한 수라는 것을 찾아내기도 했다. 이 밖에도 다양한 수의 신비들을 찾아냈는데, 친화수, 완전수, 부족수, 과잉수, 도형수라고 불리는 수들이 그것이다.

우선 친화수란 두 수가 서로의 진약수•의 합이 되는 수다. 예를 들어 220과 284는 친화수다. 220의 진약수는 1, 2, 4, 5, 10, 11, 20, 22, 44, 55, 110으로 이 수들의 합은 284다. 그리고 284의 진약수는 1, 2, 4, 71, 142로 이 수들의 합은 다시 220이 된다. 후에 피타고라스학파 사람들은 이 두 수를 적은 부적을 만들어 몸에 지니고 다녔다. 그 이유는 이 부적을 지닌 사람들끼리의 우정이 영원할 것이라고 믿었기 때문이다.

이러한 친화수는 찾기도 어려워서 피타고라스 이후 오랫동안 발견되지 않다가 1636년에 이르러서야 프랑스의 수학자 페르마가

• 진약수란 자기 자신을 제외한 약수들을 뜻한다. 예를 들어 8의 약수는 1, 2, 4, 8인데, 이 중 8을 뺀 1, 2, 4가 진약수다.

다른 한 쌍인 17,296과 18,416을 발견했다. 그 이후 많은 친화수가 발표되었는데, 흥미로운 사실은 1866년 열여섯 살의 소년이 친화수 1,184와 1,210을 찾아냈다는 것이다. 학자들도 찾지 못한 친화수를 어린 소년이 찾아냈다는 사실에 수학계가 깜짝 놀랐다. 혹시 아직 발견하지 못한 친화수가 남아 있을지도 모르니 우리도 한번 찾아보자.

이렇게 약수를 이용해 수의 성질을 밝힌 예로 완전수와 부족수, 과잉수도 있다. 이 수들은 각각 진약수의 합과 같냐, 작냐, 크냐에 따라 구분된다. 예를 들어 6의 진약수는 1, 2, 3으로 그 합은 자기 자신과 같다. 이처럼 진약수의 합이 자기 자신이 되는 수를 완전수라고 한다. 또한 부족수는 진약수의 합이 원래 수보다 작은 경우를 말하고, 과잉수는 원래 수보다 큰 경우를 말한다.

1952년까지 완전수는 12개가 발견되었으며, 모두 짝수였다. 그 가운데 처음 발견된 세 수는 6, 28, 496인데, 홀수인 완전수가 존재하느냐는 아직 아무도 증명하지 못한 문제다.

도형으로 수를 만들다

피타고라스는 도형의 형태로 놓이는 점들의 개수를 세어 여러 가지 도형수를 만드는 것에 큰 관심을 가졌다. 그는 모양에 따라 이 수들에 이름을 붙였다. 예를 들어 3, 6, 10은 삼각형 형태로 놓을 수 있는 점의 개수이기 때문에 삼각수라고 불렀다.

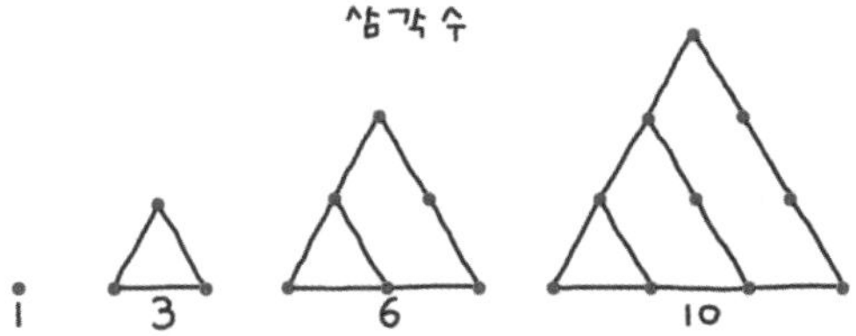

삼각수를 만들고 나니 수들 사이에 증가하는 규칙이 보였다. 1과 3 사이에는 2가 증가했고, 3과 6 사이에는 3이 증가했다. 그리고 6과 10 사이에는 4가 증가했으니 그다음에는 5가 증가한 15가 오리라는 사실을 알 수 있다. 삼각수 외에 사각수, 오각수에도 일정한 규칙이 있다. 사각수와 오각수를 한번 살펴보자.

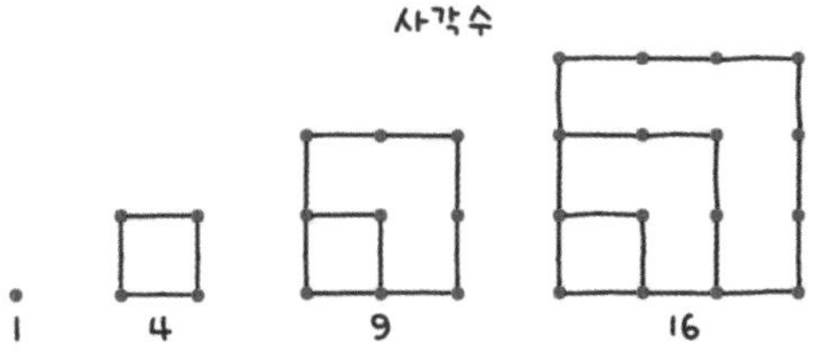

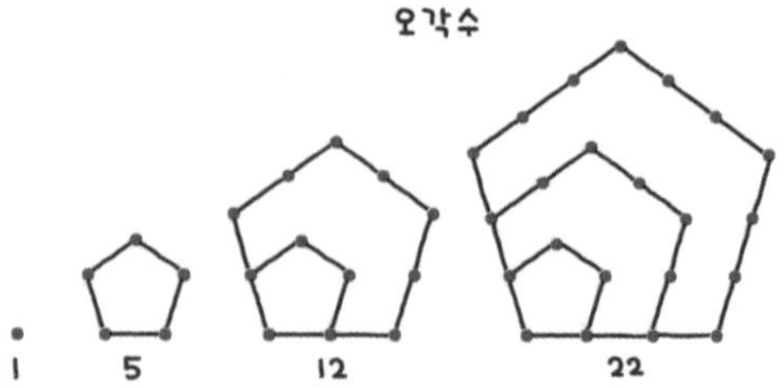

피타고라스는 수들의 규칙에서 모든 정사각수는 2개의 삼각수의 합으로 나타낼 수 있으며, 직사각수는 1개의 삼각수를 두 번 더한 것과 같다는 것을 증명하기도 했다. 이처럼 피타고라스는 도형수들 사이의 다양한 관계를 연구했다.

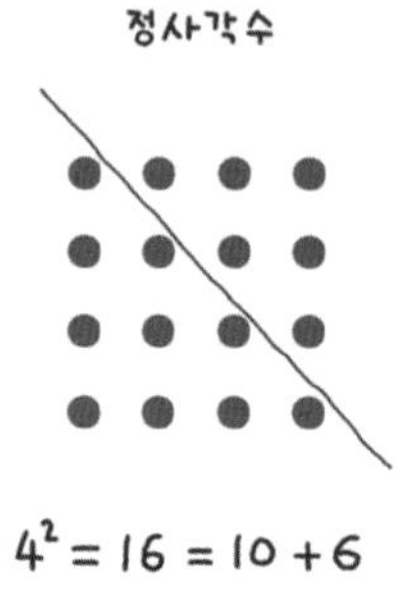

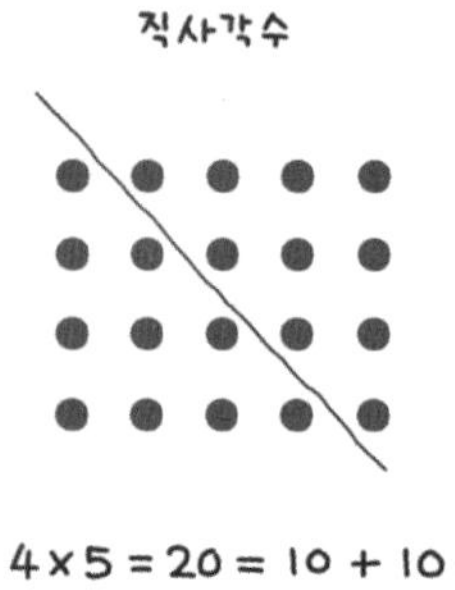

수학으로 음악을 만들다

피타고라스는 이러한 자연수들과 함께 분수에 대해서도 연구했다. 그는 모든 것은 자연수 또는 두 자연수의 비(比)인 분수로 나타낼 수 있다고 생각했다. 그래서 다음 그림과 같이 악기의 소리도 수로 표현할 수 있다고 믿었다.

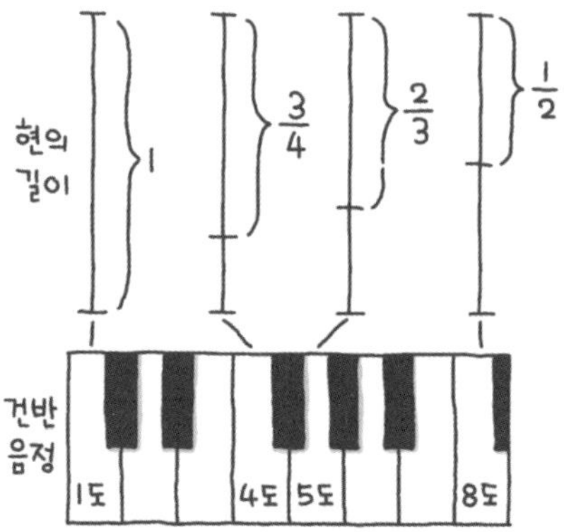

또한 피타고라스는 하프와 같은 현악기의 구조를 연구하면서 현의 길이가 일정 비율로 줄어들면 소리가 달라진다는 것을 알아냈다. 예를 들어 '도' 음이 나는 현의 길이를 $\frac{1}{2}$로 줄이면 한 옥타브 높은 '도'가 된다. 이런 방법으로 피타고라스는 현을 여러 가지 정수비로 조정해가며 도-레-미-파-솔-라-시의 7음계를 계산해 냈다.

무리수의 비밀을 지켜라

피타고라스학파의 가장 큰 수학적 업적이라면 모든 직각 삼각형 세 변의 길이가 $a^2+b^2=c^2$과 관련되어 있다는 '피타고라스 정리'를 증명한 것이다. 3-4-5나 8-15-17과 같이 이 식에 딱 들어맞는 세 수를 '피타고라스의 세 수'라고 한다.

이 정리를 통해 피타고라스는 자연수나 자연수의 비로 표현할 수 없는 수들이 있다는 것을 알게 되었다. 직각 삼각형의 빗변이 아닌 두 변의 길이가 각각 1일 때 식은 $1^2+1^2=c^2$이 되어 $c^2=2$가 된다. 같은 수를 두 번 곱해 2가 나오는 수는 자연수나 분수에서 존재하지 않는다. 이처럼 분수의 형식으로 나타낼 수 없는 수를 '무리수'라 한다.

피타고라스학파는 피타고라스 정리를 이용해 무리수를 찾기는 했지만, 이것은 세상 모든 것이 자연수와 자연수의 비로 표현된다는 피타고라스의 믿음을 깨뜨리는 것이었다. 세상에 존재하지 않는 수가 나왔기 때문이다.

피타고라스학파는 피타고라스의 명예를 지키기 위해 무리수의 발견을 비밀로 간직하고자 노력했다. 심지어 피타고라스학파에 속했던 히파소스가 이 비밀을 다른 사람에게 이야기하자 동료들은 그를 우물에 빠뜨려 죽였다고 한다. 그러나 얼마 후 피타고라스학파는 어쩔 수 없이 무리수를 인정할 수밖에 없었고, 무리수를 자신들의 연구 업적에 포함시켰다.

이렇게 많은 수학적 연구 성과를 남긴 피타고라스학파는 점점 번성했다. 그러나 이들의 성장에 위협을 느낀 남부 이탈리아 사람들이 피타고라스학파의 건물을 파괴하고 학파를 해산시켰다. 피타고라스는 이 사람들을 피해 도망갔으나 결국 살해되고 말았다. 피타고라스가 죽은 후 그의 제자들은 뿔뿔이 흩어졌다. 그들은 여러 도시에서 새로운 학교를 설립하고 200여 년에 걸쳐 피타고라스의 연구를 이어갔다고 한다.

6

그리스 수학 2

유클리드의
수학 책이
지금까지 인정받는
이유는 무엇일까?

그리스는 폴리스라고 불리는 작은 도시 국가들로 이루어져 있었다는 사실을 앞에서 이야기했지? 이 도시 국가들은 자신들의 이익을 위해 협력하기도 하고, 때로는 전쟁을 벌이기도 했어. 페르시아와 그리스 도시 국가들의 전쟁인 페르시아 전쟁, 그리스 도시 국가 간의 힘겨루기 싸움이라 할 수 있는 펠로폰네소스 전쟁은 아주 유명하단다.

우리나라가 일제 침략과 6·25 전쟁을 겪으면서 많은 경제적·문화적 변화를 겪었던 것처럼 그리스도 큰 전쟁들을 치르면서 사회적으로 많은 변화가 있었어. 그리스의 위대한 학자들은 전쟁을 피해 좀 더 안정적으로 학문을 연구할 수 있는 곳으로 이동했고, 그곳에서 새로운 학문을 꽃피우게 되었지.

수많은 영웅이 등장하는 전쟁 속에서, 전쟁보다 위대한 사상을 펼친 학자들의 이야기를 살펴보자.

모든 수학자는 아테네로

그리스 수학은 기원전 600년경 탈레스가 처음 수학의 기초를 다진 후 연이어 등장한 많은 학자가 학교를 세우고 연구한 덕분에 큰 발전을 이루었다. 이렇게 그리스에서 학문이 발전하고 있는 사이, 페르시아에서는 거대한 제국이 건설되고 있었다. 페르시아는 노예를 이용해 경제 발전을 이루었기 때문에 영토를 확장하고 노예를 확보하기 위한 전쟁을 계속 일으켰다. 기원전 545년에는 이오니아 지방과 그리스의 도시 국가들을 식민지로 만들기에 이르렀다. 그 결과 피타고라스와 같은 훌륭한 그리스의 철학자들은 고향을 떠나 이탈리아의 도시로 피란을 갈 수밖에 없었다.

페르시아의 통치가 점점 가혹해지자 이오니아 지방에서 반란이 일어났다. 그러자 민주 정치로 많은 발전을 이룬 아테네가 군대를 보내 이오니아를 지원했다. 페르시아는 반란군을 진압하기는 했지만 이오니아를 도와준 아테네를 용서할 수 없었다. 마침내 기원전 492년에 페르시아는 대규모의 군대를 이끌고 그리스 본토를 공격했다.

페르시아와 아테네가 벌인 전쟁을 '페르시아 전쟁'이라고 한다. 치열한 접전 끝에 전쟁에서 승리를 거둔 아테네는 더욱더 부강한 나라로 발돋움할 수 있었다. 그리고 민주주의가 발전한 아테네로 소크라테스와 같은 훌륭한 철학자들이 모여들기 시작했다.

펠로폰네소스 전쟁과 수학의 위기

페르시아 전쟁 이후 그리스는 아테네를 중심으로 평화의 시기를 맞이했다. 그 결과 피타고라스학파가 아테네로 들어오고, 여러 학자가 수학을 가르치기 시작했다.

그러나 아테네는 자신들의 세력이 강해질수록 동맹을 맺었던 그리스의 다른 도시 국가들에 횡포를 부렸다. 이로 인해 여러 도시 국가가 아테네와의 동맹을 끊을 수밖에 없었다. 이 틈을 타 아테네와 경쟁 관계였던 스파르타가 이 도시 국가들을 설득해 펠로폰네소스 동맹을 결성해 아테네와 전쟁을 일으켰다. 이 전쟁을 '펠로폰네소스 전쟁'이라고 한다.

펠로폰네소스 전쟁은 약 30년간 지속되었는데, 결국 군사력이 막강한 스파르타가 승리를 거둠으로써 막을 내렸다. 이로 인해 아테네와 아테네의 동맹 도시 국가들은 힘을 잃게 되었고, 그리스의 수학도 한동안 발전하지 못했다.

기하학을 모르는 자, 이 문 안으로 들어오지 말라

펠로폰네소스 전쟁이 끝나갈 무렵, 아테네는 정치적으로는 힘이 약해졌지만 문화적으로는 서서히 되살아나기 시작했다. 이때 등장한 학자가 바로 플라톤(기원전 428?~기원전 347?)이다. 플라톤은 아테네 근교에서 태어나 소크라테스에게 철학을 배웠다. 그리고 피타고라스학파였던 티마이오스를 만나 피타고라스의 수학을 배우기도 했다.

기원전 387년경, 플라톤은 아테네에서 '아카데미아'라는 학교를 설립하고 철학과 과학, 수학을 체계적으로 연구하기 시작했다. 그는 수학이 정신 훈련에도 좋을 뿐만 아니라 철학자나 국가를 통치할 지도자가 꼭 배워야 할 과목이라고 생각했다. 그의 아카데미아 입구에는 "기하학을 모르는 자, 이 문 안으로 들어오지 말라"라는 글귀가 적혀 있을 정도였다. 플라톤은 수학을 통해 논리적 사고가 가능하고 정신적인 기쁨을 얻을 수 있다고 생각했으므로 아카데미아의 수업에서도 수학을 무척 중요시했다.

플라톤은 피타고라스가 찾아 증명한 정다면체에 관한 글을 쓰기도 했다. 플라톤은 《티마이오스》라는 책에서 5개의 정다면체를 설명하면서 삼각형, 사각형, 오각형을 짜 맞추어 어떻게 입체를 만들 수 있는지를 보여주었다. 그래서 정다면체를 '플라톤의 다면체'라고도 한다.

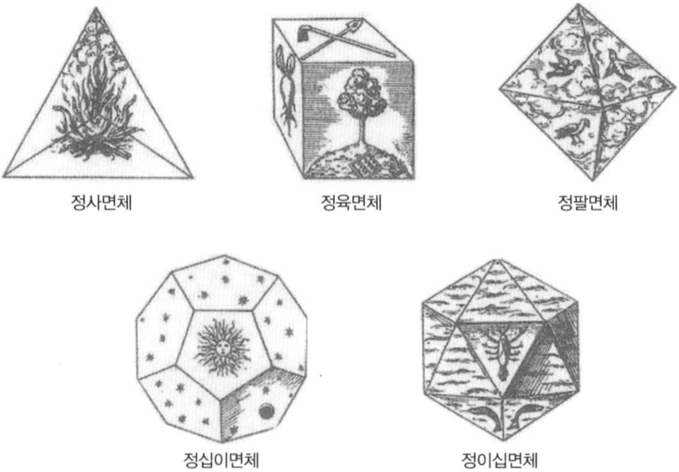

플라톤의 다면체 **정다면체는 면들이 모두 합동이고, 면끼리 만나는 각이 모두 일정한, 여러 면을 가진 입체 도형을 말한다.**

아무도 풀지 못한 수학 문제

플라톤을 비롯한 그리스의 학자들은 논리적인 문제 풀이와 토론을 좋아했다. 당시 그리스에는 아무도 풀지 못하는 세 가지 문제가 있었다. 유명한 학자들이 이 문제를 풀려고 도전해보았지만 그 누구도 풀지 못했다. 눈금 없는 자와 컴퍼스만으로 다음 세 가지 도형을 그리는 것이 바로 그 문제다.

〈아테네 학당〉에 등장하는 고대 수학자들 1510년에 라파엘로가 그린 〈아테네 학당〉에는 플라톤을 비롯해 많은 수학자와 철학자 들이 등장한다. 이 그림에서 피타고라스는 책을 쓰고 있으며(왼쪽), 유클리드는 컴퍼스로 도형을 그리며 기하학을 가르치고 있다(오른쪽).

① 정육면체 부피의 2배가 되도록 정육면체를 그리는 문제

② 주어진 각을 삼등분하는 문제

③ 주어진 원과 같은 넓이를 갖는 정사각형을 그리는 문제

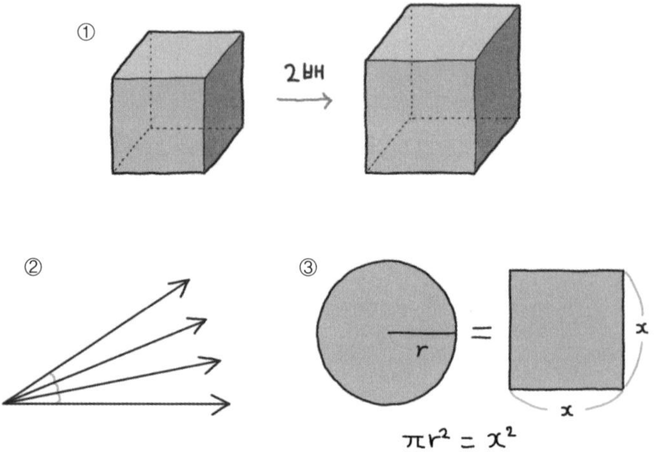

이 문제를 풀기 위해 수많은 학자가 연구를 했고, 심지어 플라톤은 아카데미아에서 학생들에게 이 문제를 풀게 했다고 한다.

이러한 노력은 그리스 기하학에 많은 발전을 가져왔다. 이 문제를 풀다가 원뿔 곡선,* 3차·4차 곡선, 초월 곡선과 같은 많은 수학

---

* 원뿔을 그림과 같이 자르면 원, 타원, 포물선, 쌍곡선 등 다양한 곡선이 나온다. 이렇게 원뿔의 꼭짓점을 지나지 않는 평면에서 생기는 곡선을 모두 원뿔 곡선이라고 한다.

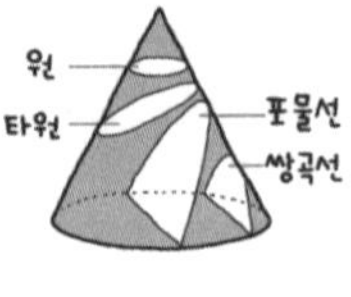

적 발견이 이루어졌다. 이후에도 여러 가지 수의 발달에 영향을 주었다.

이 문제는 2000년 동안이나 풀리지 않는 문제로 남아 있다가 19세기에 절대 그릴 수 없다는 것이 증명되었다. 이렇듯 어려운 문제를 해결하기 위한 끊임없는 노력은 새로운 수학의 발전과 창조를 가져왔다. 여러분도 어려운 문제에 부딪혔을 때 스스로 해결하기 위해 노력한다면 새로운 수학의 단계를 경험할 수 있을 것이다.

알렉산드리아의 건설

펠로폰네소스 전쟁 이후 그리스의 도시 국가들은 서로 믿지 못하고 정치적으로도 협력하지 못했다. 그리스 동맹은 점차 약해져 결국 기원전 338년 그리스 북쪽에서 새롭게 부상한 마케도니아 왕국에 하나둘 정복당했다.

그리스의 도시 국가들이 몰락한 지 2년 후 마케도니아에서는 필리포스 왕에 이어 알렉산드로스가 왕이 되었다. 알렉산드로스 대왕은 아테네뿐만 아니라 그리스, 이집트 등에 이르는 대제국을 건설했다. 그는 이집트의 나일강 유역에 자신의 이름을 딴 알렉산드리아라는 도시를 건설하기도 했다. 이 도시는 알렉산드로스 대왕이 도시 설계의 기초 계획을 세우고, 뛰어난 건축가 디노크라테스가

〈이수스 대전〉에 등장하는 알렉산드로스 대왕 이탈리아 폼페이에서 발굴된 모자이크화인 〈이수스 대전〉에서 알렉산드로스 대왕이 적들을 상대하고 있는 모습이다.

건설했다고 알려져 있다. 알렉산드리아는 중요한 무역로에 위치해 짧은 시간에 큰 도시로 발전했다.

알렉산드로스 대왕 사후 그 뒤를 이은 프톨레마이오스 1세가 이곳에 알렉산드리아 도서관을 세우고 많은 학자를 불러 모아 학문을 발전시켰다. 알렉산드리아 도서관은 고대 도서관 중 최대 규모를 자랑한다. 유럽과 북아프리카, 서남아시아와 인도에 이르기까지 세계 각국의 방대한 연구 결과를 한곳에 모아두었고, 3세기경 불에 타 소실될 때까지 그리스 학문의 중심지 역할을 했다.

알렉산드로스 대왕은 다른 민족의 종교와 관습을 인정하기도 했다. 여러 민족으로 구성된 대제국을 통치하는 데 필요하다고 판단했기 때문이다. 또한 페르시아의 문물을 받아들여 여러 문화가 융합된 새로운 문화를 이룩하기도 했다.

알렉산드로스 대왕이 정복한 메소포타미아와 이집트, 그리스 문화가 융합되어 새로 만들어진 문화를 헬레니즘 문화라고 한다. 헬레니즘 문화가 탄생했을 때부터 마케도니아 왕국이 로마 제국의 침략을 받은 기원전 30년까지 약 300년 동안을 헬레니즘 시대라고 일컫는다.

사모트라케 섬에서 발견된 승리의 여신상 니케 헬레니즘 시대의 대표적인 유물로, 머리 부분이 손실되었음에도 불구하고 하늘로 날아오르려는 듯한 역동성이 느껴진다.

기하학을 완성한 유클리드

유클리드(기원전 330?~기원전 275?)는 기원전 300년경 알렉산드리아에서 활동한 수학자다. 그가 학생을 가르칠 때 있었던 유명한 일화가 있다.

어느 날 유클리드에게 기하학을 배우던 한 학생이 "스승님, 이런 것을 배워서 무엇을 얻을 수 있습니까?"라고 물었다. 그러자 유클리드가 하인을 불러 이렇게 말했다. "이 학생에게 동전 한 닢을 주어라. 자기가 배운 것으로부터 무언가를 얻어야 하니까 말이다." 이 말은 곧 학문을 한다는 것은 단지 물질적인 결과를 얻기 위해서가 아니라 정신의 수양을 위해서임을 일러준다.

유클리드는 10권 이상의 책을 남겼는데, 그 가운데 가장 유명한 것은《원론》이다. 이 책은 유클리드 이전의 모든 수학 지식을 집대성해 설명한 것으로, 나오자마자 수학계의 주목을 끌었다.

《원론》은 1482년 첫 인쇄본이 나온 이후 지금까지 최고의 기하학 교과서로 평가받고 있다.《원론》에 나오는 내용들은 유클리드의 시대뿐만 아니라 오늘날의 수학에 이르기까지 계속 활용되고 있다. 우리가 초등학교와 중학교, 고등학교에서 배우는 수학의 대부분이 이 책에 기반을 두고 있다.

애석하게도 당시 유클리드가 쓴 원본은 찾지 못했다. 지금 전해져 내려오는 것은 유클리드보다 700년 뒤에 태어난 테온이라는 사

《원론》 이 책은 헬레니즘 시대에 중요한 교본으로 자리 잡았고, 오늘날까지 그 내용이 수학 교육 과정에 포함되어 있다.

람이 유클리드의《원론》을 교정해 출간한 것이다. 하지만 여러 연구 결과를 통해 원본과 거의 똑같은 내용이라는 것이 입증되었다.

최고의 수학 교과서,《원론》

《원론》은 모두 13권으로 이루어져 있는데, 각 권에는 명제●와 문제들이 설명되어 있다. 또한 각 명제는 여러 개의 가정에서 나올

● 명제란 참과 거짓을 판별할 수 있는 문장을 뜻한다.

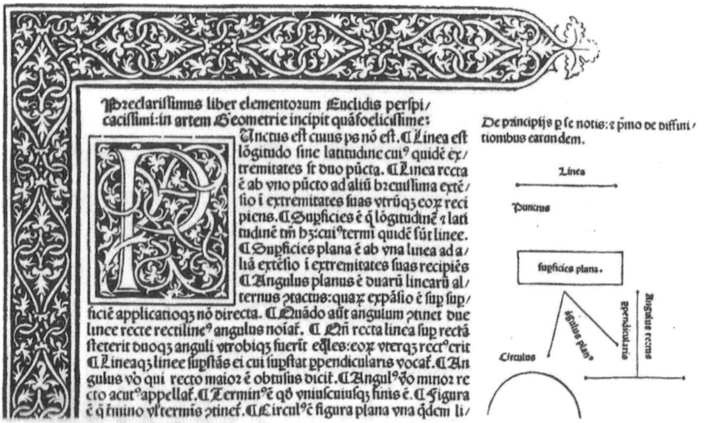

Preclarissimus liber elementorum Euclidis perspi/cacissimi: in artem Geometrie incipit quāfoelicissime:
Punctus est cuius ps nō est. ℭ Linea est lōgitudo sine latitudine cui⁹ quidē ex/tremitates st duo pūcta. ℭ Linea recta ē ab vno pūcto ad aliū breuissima extē/sio i extremitates suas vtrūqʒ eoꝝ reci/piens. ℭ Supficies ē q̄ lōgitudinē ⁊ lati/tudinē tm̄ hʒ: cui⁹ termi quidē sūt linee. ℭ Supficies plana ē ab vna linea ad a/liā extēsio i extremitates suas recipiēs ℭ Angulus planus ē duarū linearū al/ternus ɔtactus: quaꝝ expāsio ē sup sup/ficiē applicatioqʒ nō directa. ℭ Quādo aūt angulum ɔtinet due linee recte rectiline⁹ angulus noiat. ℭ Qñ recta linea sup rectā steterit duoqʒ anguli vtrobiqʒ fuerīt eq̄les: eoꝝ vterqʒ rect⁹ erit ℭ Lineaqʒ linee supstās ei cui supstat ppendicularis vocat. ℭ An/gulus vō qui recto maior ē obtusus dicit. ℭ Angul⁹ vō minor re/cto acut⁹ appellat. ℭ Termin⁹ ē qd vniuscuiusqʒ finis ē. ℭ Figura ē q̄ tmino vl termis ɔtinet. ℭ Circul⁹ ē figura plana vna q̄dem li/

De principijs p se notis: ⁊ pmo de diffini/tionibus earundem.

베네치아에서 출판된 최초의 인쇄본(위)과 최초의 영어 번역본 표지(아래) 《원론》은 《성경》과 함께 가장 오래된 스테디셀러로 손꼽히며 1482년에 첫 인쇄본이 나온 이후, 최고의 기하학 교과서로 군림하고 있다.

수 있는 결론과 수학의 여러 규칙을 포함한다.《원론》은 정의와 공준, 공리 등으로 이루어진 논리적 구성으로 수학 발전에 크게 기여했다.

정의란 수학자들 사이의 약속을 뜻한다. "점은 부분을 가지지 않는 것이다"(정의 1), "선은 폭이 없는 길이다"(정의 2), "선의 양 끝은 점이다"(정의 3) 등과 같은 약속을 미리 정해놓고 사용해야 문제를 해결할 수 있다.

이러한 내용을 토대로 1권에는 삼각형의 합동, 자와 컴퍼스만으로 작도하는 방법, 피타고라스 정리의 증명과 같은 내용이 나온다. 2권에는 분배 법칙과 여러 수학 공식을 기하학적으로 설명해놓았다. 3권과 4권에서는 원에 관한 내용을 다루고, 5권에는 비례, 6권에는 평면 도형의 비례, 7~10권에는 약수, 수열, 홀수와 짝수, 완전수 등 수에 관한 내용이 나온다. 11~13권에서는 여러 입체 도형과 정다면체의 성질에 대해 설명하고 있다. 이러한 내용 중 사실 유클리드가 새롭게 발견한 것은 거의 없다. 유클리드는 학교에서 사용하던 수학 교과서를 모아 정리한 것으로 보인다.

유클리드는 건축이나 사업과 같은 실용적인 부분의 문제를 해결하는 데 수학이 유용하다는 것을 이해하고 있었다. 하지만 수학의 실제 가치는 사고력 향상에 있다고 믿었다. 수학을 공부하면 사고력이 길러지고 논리적으로 생각하게 되며, 추상적인 개념도 쉽게 이해할 수 있게 된다고 생각했던 것이다. 이러한 믿음으로 수학을 철저히 연구해 지금까지 사용되는 수학 책을 만든 것이 아닐까.

비례를 중요시한 그리스 미술

소크라테스를 비롯해 플라톤, 아리스토텔레스와 같은 그리스의 학자들은 아름다움이란 비례와 질서, 조화로움이라고 이야기했다. 그래서 그리스의 미술품들은 논리적으로 계산되어 아름다운 비율로 표현되었다. 또 그리스 사람들은 자연 현상을 과학적으로 설명할 수 있게 되자 고대 다른 나라 신들과는 다른 아주 인간적인 신들의 이야기를 만들었다. 신들을 소재로 한 그림이나 조각도 실제 사람들의 생활 모습과 비슷하게 사실적으로 표현하는 경향이 있었다.

그리스의 대표적인 조각가였던 폴리클레이토스는 머리 길이가 키의 7분의 1인 7등신을 가장 아름다운 몸의 비율이라고 생각했다. 그는 이것을 '카논'이라고 불렀는데, 카논은 기준이나 규범이라는 뜻이었다. 7등신의 카논은 100년이 넘도록 그리스 조각이 지켜야 하는 규칙이 되었다. 미술도 수학적으로 계산하는 그리스 사람들의 논리적인 성격이 잘 드러나는 부분이다.

그 후에 리시포스라는 조각가가 조화와 비례를 관찰하다 황금비를 깨닫게 되어 카논을 8등신으로 다시 설정했다. 이 황금비에 따라 머리의 길이가 키의 8분의 1이 되는 8등신이 더 아름답다고 생각하게 되었다. 현재 우리가 말하는 '8등신 미인'은 원래 그리스의 조각가들이 조각상을 만들 때 쓰던 비율을 뜻하는 것이다.

앞서 이집트 피라미드를 설명하면서 사람들이 가장 아름답다고 느끼는 황금비에 대해 이야기했다. 그리스에서는 좀 더 본격적으로 이 황금비를 작품에 사용했는데, 바티칸 박물관에 있는 유명한 벨베데레의 아폴론상을 예로 들어보자. 상체와 하체, 머리와 목부터 허리까지의 길이가 황금비를 이루고 있다. 당시에는 이러한 비율을 갖춘 몸을 이상적인 몸이라고 생각했다.

황금비로 만든 파르테논 신전

아크로폴리스의 파르테논 신전을 지을 때에도 황금비가 사용되었다. 파르테논 신전은 그리스가 페르시아 전쟁에서 승리한 것을 기념해 지은 건축물로, 신 중의 신 제우스의 딸이자 도시 국가 아테네의 수호신인 아테나를 위해 지은 것이다. 이 신전은 기도를 하기 위한 곳이 아니라 신이 잠시 머무를 수 있도록 만든 공간이었다.

파르테논 신전은 고대 그리스의 건축물 가운데 가장 아름답고 웅장하다. 그 안에 장식된 조각품들의 미술적 가치뿐만 아니라 건축물 자체의 아름다운 비율로도 유명하다.

앞에서 살펴본 것처럼 황금비란 사람이 가장 안정감을 느끼는 비율이다. 황금비의 값은 1.618 정도인데, 이 값은 $\frac{1+\sqrt{5}}{2}$로 나타낼 수 있다. 황금비 안에서 $\sqrt{5}$는 파르테논 신전을 설계할 때 모든 비

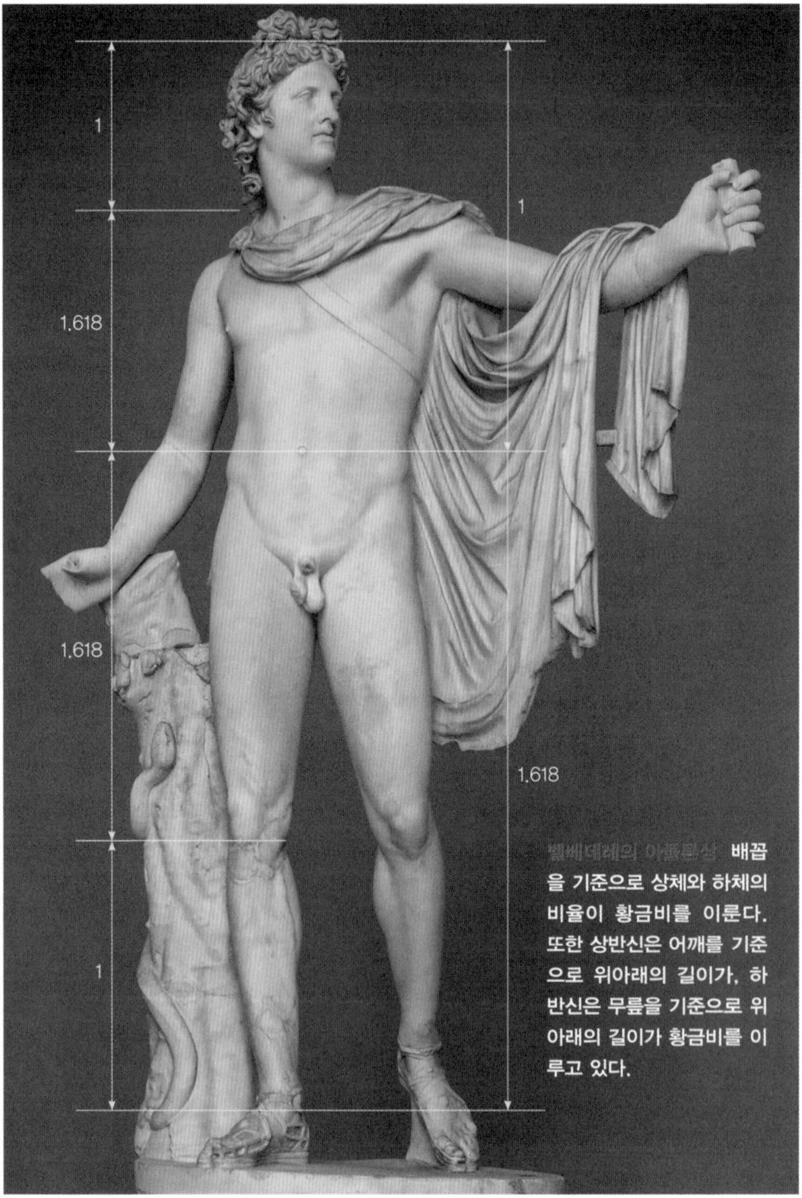

벨베데레의 아폴론상 배꼽을 기준으로 상체와 하체의 비율이 황금비를 이룬다. 또한 상반신은 어깨를 기준으로 위아래의 길이가, 하반신은 무릎을 기준으로 위아래의 길이가 황금비를 이루고 있다.

$$\frac{\overline{AD}}{\overline{AB}} = \sqrt{5}, \quad \frac{\overline{CE}}{\overline{AC}} = \frac{1+\sqrt{5}}{2}$$ (황금비 φ의 값)

율을 결정하는 값으로 사용되었다. 이뿐만 아니라 파르테논 신전은 가로와 세로의 비율이 황금비를 이루는 황금 직사각형을 기반으로 설계되었다.

파르테논 신전 기원전 5세기에 아테네의 아크로폴리스 언덕 위에 세워진 파르테논 신전은 그리스의 가장 빛나는 건축물이다.

그리스 남자들은 옷을 입지 않았을까?

그리스 시대의 조각상을 보면 대부분의 작품에서 남자들이 옷을 입고 있지 않다. 몸의 근육이나 골격을 사실감 있게 표현하기 위해서이기도 하지만, 남자들이 여자에 비해 우수하고 남자가 세상의 척도라는 인식이 강했기 때문이기도 하다. 그래서 비례와 대칭을 보여주는 자의 벌거벗은 몸을 조각했다.

물론 남자들도 평상시에는 옷을 입고 다녔다. 하지만 옷을 입지 않을 때도 있었다. 올림픽 대회가 열리는 날이었다. 올림픽은 기원전 776년 그리스에서 처음 개최되었는데, 여자는 경기에 참가할 수도, 경기를 구경할 수도 없었다. 그런데 올림픽을 무척 보고 싶어하던 한 여인이 위험을 무릅쓰고 남장을 하고 몰래 경기를 보다가 발각되고 말았다. 그 뒤로는 여자가 경기장에 들어오는 것을 막기 위해 올림픽에 참가하는 선수와 감독 모두 벌거벗은 채 경기를 했다고 한다.

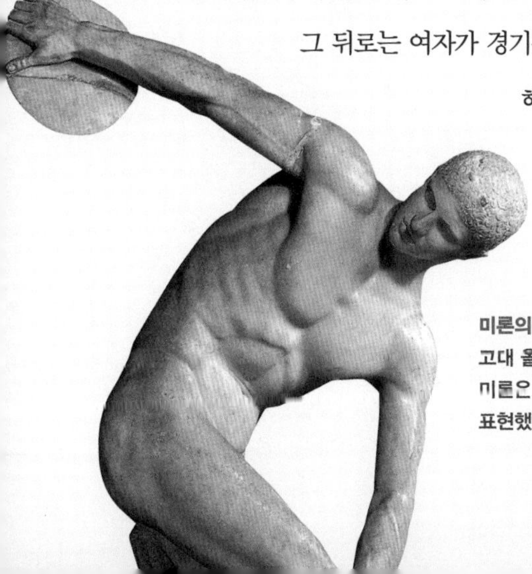

미론의 〈원반 던지는 사람〉 원반던지기는 고대 올림픽 대회의 최고 인기 종목이었다. 미론은 미세한 근육과 역동적인 몸짓을 살 표현했다.

7

그리스 수학 3

아르키메데스는 어떻게 부피를 구했을까?

와! 그리스는 정말 문화적으로나 수학적으로 많은 발전이 있었구나. 피타고라스와 유클리드 같은 위대한 수학자들도 여럿 등장했고 말이야. 하지만 그리스의 위대한 수학자들에 관한 이야기는 아직도 끝나지 않았단다.

이제부터 알아볼 학자는 고대 시대부터 오늘날까지 수학이 발전하는 데 위대한 업적을 남긴 3대 수학자 가운데 한 사람이야. 세계 3대 수학자가 누구냐고? 바로 뉴턴, 가우스, 아르키메데스지.

아르키메데스는 그리스의 도시 국가였던 시칠리아 섬의 시라쿠사에서 태어나 로마 병사에게 죽임을 당할 때까지 수많은 업적을 남겼어. 그럼 피타고라스와 유클리드를 제치고 세계 3대 수학자로 꼽힐 수 있었던 아르키메데스의 수학 세계를 지금부터 살펴보자.

천재 발명가 아르키메데스

알렉산드리아는 300년 가까이 큰 분쟁이나 전쟁 없이 학자들의 안식처가 되었다. 기원전 140년경 그리스가 로마에 점령당할 때까지 알렉산드리아에서는 학문의 발전이 계속해서 이루어졌다.

아르키메데스(기원전 287?~기원전 212)는 당시 활동한 위대한 수학자이자 발명가였다. 그는 일상생활에서 맞닥뜨리는 문제를 해결하기 위해 수학을 적용하고 새로운 수학 지식을 찾는 것을 좋아했다.

아르키메데스는 발명가로 먼저 이름을 날렸다. 그가 처음 발명한

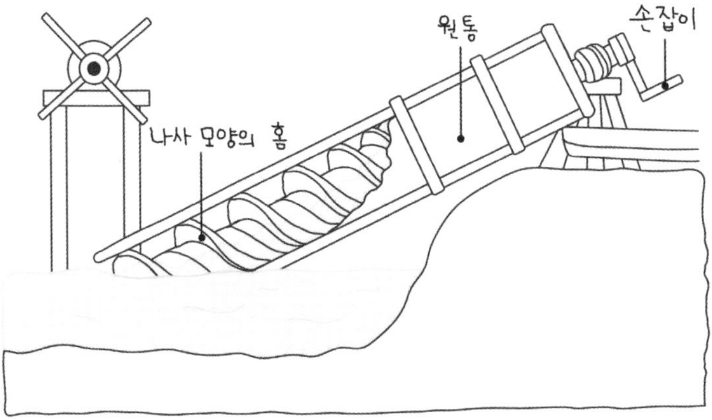

아르키메데스의 나선식 펌프 나사 모양의 축이 든 원통의 한쪽 끝을 비스듬히 물속에 넣고 원통을 회전시키면, 아래쪽의 물이 나사 모양의 홈을 따라 올라온다.

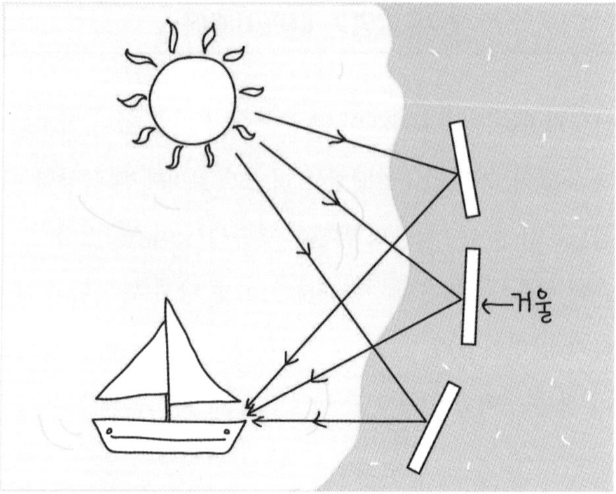

아르키메데스의 거울 태양 빛을 반사하는 거대한 거울로 빛을 정확하게 한 점에 모아 그 열로 상대편의 배를 불태웠다.

것은 농부들이 논이나 밭에 쉽게 강물을 댈 수 있는 양수기였다. 손잡이를 돌리면 나사 모양의 금속이 돌아가면서 아래쪽 물이 원통을 따라 올라오는 원리를 이용한 것이었다.

또한 아르키메데스는 지렛대와 도르래도 만들었다. 지렛대와 도르래는 오늘날까지 사용되는 도구다. 아르키메데스 이전 사람들도 지렛대와 도르래를 사용하기는 했지만, 아르키메데스는 지렛대와 도르래의 작동 원리를 수학적으로 이해한 최초의 학자였다.

그는 지렛대와 도르래의 원리를 이용하면 아무리 무거운 물건이라도 충분히 옮길 수 있다고 주장하면서 이렇게 이야기했다. "나에게 충분히 긴 지렛대와 지렛대를 댈 곳만 있다면 지구를 들어 올릴 수도 있다."

아르키메데스는 지렛대와 도르래의 원리를 활용해 적들의 배에 무거운 돌을 던져 맞힐 수 있는 투석기를 발명하기도 했다. 또 여러 가지 형태의 거울과 렌즈를 이용해 태양 빛으로 적들의 배의 돛에 불을 붙여 적을 무찔렀다는 일화도 전해진다.

원주율과 넓이·부피의 근삿값을 구한 아르키메데스

아르키메데스는 처음으로 원주율(π)의 값을 수학적으로 계산하는 등 수학에서도 많은 업적을 남겼다.

물론 원주율은 고대부터 사용되어왔다. 아르키메데스 이전에도 원의 둘레와 지름 사이에 일정한 비율이 있다는 것을 알고 있었다. 하지만 왜 일정한 비율이 나타나는지, 정확히 얼마인지는 알지 못했다.

아르키메데스는 원주율을 어림하기 위해 지름이 1인 원을 그리고, 원 위에 일정한 간격으로 6개의 점을 찍어 정육각형을 그린 다음 이것을 내접 육각형이라고 했다. 이 육각형은 원 안에 있기 때문에 각 변의 합이 원둘레보다 작다. 반대로 원 바깥쪽에 있는 6개의 점을 연결해 그린 정육각형을 외접 육각형이라고 했다. 외접 육각

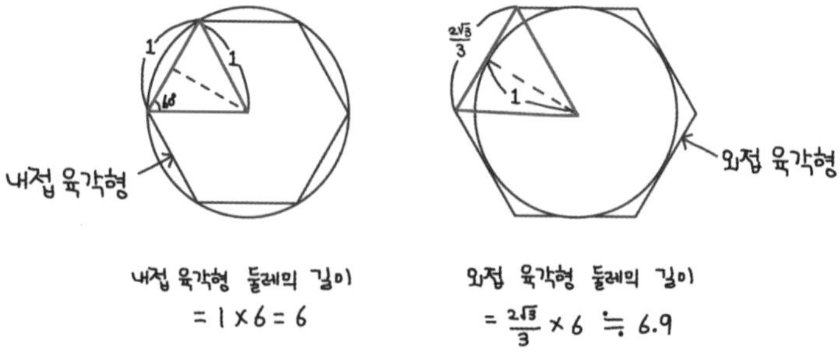

형은 원 바깥에 있으므로 그 길이가 원둘레보다 길다.

이러한 과정을 거쳐 원주율의 값이 3.00과 3.46 사이라는 것을 알게 되었다. 아르키메데스는 같은 방법으로 12각형, 24각형, 48각형, 96각형을 그려나가면서 내접하고 외접하는 정다각형 둘레의 길이 차를 좁혀갔다. 그 결과 원주율의 값이 $3\frac{10}{71}$(≒3.1408)과 $3\frac{10}{70}$(≒3.1429) 사이에 있다는 것을 깨달았다.

아르키메데스는 《원의 측정》이라는 책에서 원주율의 값이 3.1416임을 증명했다. 이것은 당시 그리스에 알려진 원주율 가운데 가장 정확한 값이었다. 아르키메데스의 이 책은 여러 언어로 번역되기도 했다.

또한 아르키메데스는 직선이 아닌 곡선으로 이루어진 도형의 넓이를 구하는 방법도 생각해냈다. 바로 곡선으로 이루어진 도형을 같은 두께의 막대 조각들로 나누어 각 조각의 넓이를 더해 전체 넓이를 어림하는 방법이다. 다음 그림에서 알 수 있듯이 막대 조각을

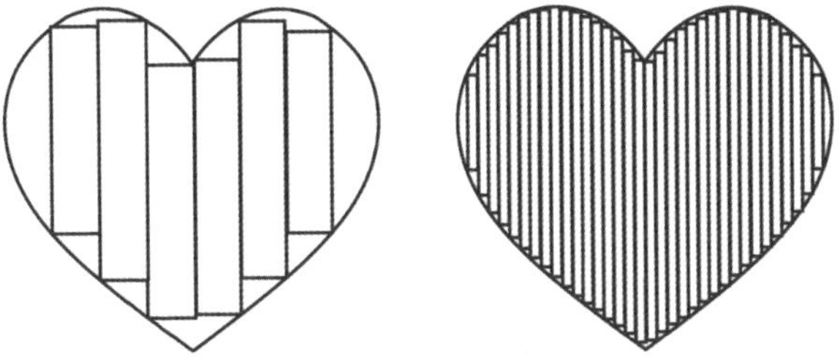

얇게 하면 얇게 할수록 실제의 값과 가까운 값을 얻을 수 있다.

또 공 모양인 구의 부피를 구하기 위해 같은 두께의 종잇장같이 얇은 조각들로 구를 자른 다음 각 조각을 맞추어 큰 원반을 만들기도 했다. 이러한 방법을 통해 구의 부피가 $\frac{4}{3}$×원주율×반지름×반지름×반지름이라는 사실을 알게 되었다.

한편 이 부피 공식을 발견할 때 아르키메데스는 원기둥 안에 꽉 끼도록 구를 넣는 실험을 통해 구의 부피가 원기둥 부피의 $\frac{2}{3}$라는 것을 알게 되었다. 그리고 구의 겉넓이는 구에서 지름이 가장 큰 원의 넓이의 4배가 된다는 사실을 발견했다. 이에 따라 구의 겉넓이는 4×원주율×반지름×반지름으로 구하면 된다.

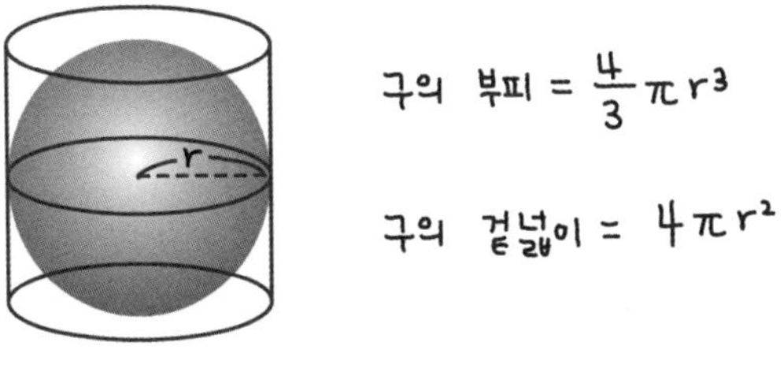

아르키메데스는 이와 같은 발견을 아주 자랑스럽게 생각해 자신이 죽으면 원기둥 안에 구가 들어가 있는 그림과 함께 $\frac{2}{3}$라는 분수를 묘비에 새겨줄 것을 당부했다고 한다.

우주를 다 채우려면 모래알이 얼마나 필요할까?

아르키메데스는 천문학에도 관심이 많아 별과 우주의 움직임에 대해서도 연구를 했다.

어느 날 한 수학자가 바닷가의 모든 모래알 수를 나타낼 만큼 큰 수는 세상에 없다고 말했다. 아르키메데스는 이 말이 틀렸다는 것을 증명하기 위해 우주를 채우는 데 필요한 모래알의 수를 계산했다. 아르키메데스는 우선 식물의 씨앗 1개의 크기에 해당하는 모래알의 수를 계산했다. 그리고 손바닥 크기에 해당하는 씨앗의 개수를 계산했다. 그러고 나서 넓은 운동장을 가득 채우기 위한 손바닥의 개수를 계산했다. 이러한 방법으로 점점 더 큰 것을 채우기 위해 필요한 무언가의 개수를 반복적으로 계산했다. 아르키메데스는 이렇게 찾은 수들에 이름을 붙이고 기호로 나타냈다. 당시 아르키메데스가 활동한 그리스에서 나타낼 수 있는 가장 큰 수는 1만 정도였다. '이집트 수학' 장에서 이집트에는 큰 수가 없었다고 이야기했다. 당시에는 큰 수를 생활에서 사용할 일이 없었으니 애초에 만들지 않았던 것이다.

결국 아르키메데스는 우주 전체를 채우는 데 필요한 모래알 수는 10^{63}개라는 결론을 내렸다. 아르키메데스가 계산해 만든 수의 내용들은 10×10을 10^2으로 표시하는 것과 같은 지수의 표기와 여러 과학 기호 발명의 바탕이 되었다.

이렇게 훌륭한 수학자이자 과학자였던 아르키메데스는 기원전 212년 그가 살고 있던 지역에 로마 군대가 쳐들어왔을 때 생을 마감했다. 아르키메데스가 모래에 도형을 그리면서 문제 풀이에 몰두하고 있을 때 한 로마 병사가 그의 앞에 나타났다. 아르키메데스는 병사에게 "내 원을 밟지 마시오"라고 소리쳤는데, 이에 화가 난 병사가 이 위대한 수학자를 창으로 찌르고 말았다고 전해진다.

에라토스테네스의 체

에라토스테네스(기원전 276?~기원전 194?)는 알렉산드리아에서 연구를 했고, 알렉산드리아 대학의 도서관장을 지내기도 했다. 그는 모든 분야에서 탁월한 능력을 발휘했는데, 수학과 천문학, 지리학, 역사학, 철학에 조예가 깊었을 뿐만 아니라 시인과 운동가로서도 명성이 높았다.

에라토스테네스는 1과 자기 자신만을 약수로 갖는 수인 소수를

벌거벗은 과학자

어느 날 왕이 아르키메데스를 불렀다. 그는 신에게 바칠 금관을 건네면서 금관이 순금으로 만들어졌는지 알아보라고 했다. 금관의 무게를 달아보았는데 왕이 세공사에게 주었던 순금의 무게와 같았다. 그렇다고 금관을 녹여서 확인할 수도 없는 터였다.

아르키메데스는 금관을 녹이지 않고 이것이 순금으로 만들어졌는지 확인할 방법을 궁리했지만, 아무리 생각해도 알 수가 없었다. 그러던 어느 날 아르키메데스는 욕조에 들어갔다가 자기가 들어간 만큼 욕조 안의 물이 흘러넘치는 것을 보고는 무언가를 알아냈다는 듯이 욕조에서 뛰쳐나왔다. 새로운 발견에 기뻤던 그는 옷도 입지 않고 '알아냈다'라는 뜻의 "유레카!"를 외치며 거리로 나갔다.

왕에게 간 아르키메데스는 먼저 물이 담긴 그릇에 금관을 넣고 물이 얼마나 올라가는지를 쟀다. 그다음 금관과 똑같은 무게의 금을 다시 그릇에 넣고 물이 올라간 높이를 쟀다. 각각의 높이가 다르자 아르키메데스는 금관이 순금으로 만들어진 것이 아니라고 했다. 금관과 순금의 무게는 같아도 부피가 달랐기 때문이다. 그는 부력의 원리를 이용해 왕이 낸 숙제를 현명하게 풀 수 있었다.

에라토스테네스의 체.

찾는 방법을 생각해내고, 이것을 '에라토스테네스의 체'라고 했다. 에라토스테네스의 체란 체로 숫자를 걸러내는 것 같다고 해서 붙여진 이름이다.

에라토스테네스의 체를 사용하는 방법은 다음과 같다. 우선 2부터 시작해서 자연수를 순서대로 적은 다음, 2를 제외한 2의 배수들을 지운다. 같은 방법으로 3을 제외한 3의 배수를 지우고, 4를 제외한 4의 배수를 지운다. 이와 같은 방법을 계속하다보면 끝까지 지워지지 않는 수들이 있는데, 이것이 바로 소수다.

지구의 둘레를 계산한 에라토스테네스

지구가 둥글다는 것은 약 500년 전 콜럼버스와 마젤란의 항해를 통해 밝혀졌다. 그런데 기원전 200년경에 살았던 에라토스테네스는 수학적 계산만으로 지구가 둥글다는 사실을 발견하고 지구의 크기까지 계산했다.

에라토스테네스는 하지(양력 6월 21일경)가 되면 이집트의 시에네(지금의 아스완)에 있는 우물 바로 위에 태양이 오고, 같은 시각 그곳으로부터 925킬로미터 떨어진 알렉산드리아에서 태양을 쳐다보면 태양이 7.2도 기울어져 보인다는 사실을 알아냈다.

에라토스테네스는 시에네의 우물과 태양을 직각으로 놓았을 때 알렉산드리아에서는 7.2도 기울어져 보이는 것을 그림으로 표현했다.

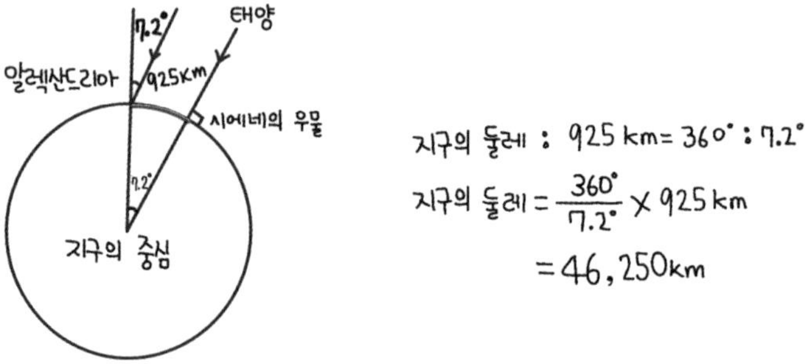

그 결과 지구 중심에서 보았을 때 알렉산드리아와 시에네 우물은 7.2도 벌어져 있다는 계산이 나왔다. 이 벌어진 거리가 925킬로미터에 해당하니 360도일 때의 거리를 알면 지구의 둘레를 알 수

있었다. "원의 호의 길이는 중심각의 크기에 비례한다"•는 이론을 응용해 계산한 결과, 그는 지구의 둘레가 46,250킬로미터라는 값을 얻었다. 현재 첨단 과학 기술을 이용해 측정한 지구의 둘레는 40,120킬로미터로, 에라토스테네스의 계산과 큰 차이가 없다.

이렇게 훌륭한 연구 성과를 보여준 에라토스테네스는 말년에 눈병으로 시력을 잃자 이를 비관한 나머지 밥을 먹지 않아 죽고 말았다.

만물박사 헤론

헤론 역시 알렉산드리아에서 활약한 학자다. 당시 그리스 학자들은 실생활에 필요한 수학을 연구하기보다 논리적으로 사고하고 증명하는 것을 즐겼다. 하지만 헤론은 실생활의 수학을 더 중시했다. 그래서 사람들은 그를 그리스 사람이 아니라 이집트나 바빌로니아 출신의 수학자가 아닐까 하고 의구심을 갖는다.

헤론은 수학과 과학의 모든 영역을 두루 연구해 많은 책을 남기기도 했다. 만물박사라고 불렸던 헤론은 재미있는 발명품도 많이

• 원 안에 두 반지름이 이루는 각을 '중심각'이라 하고, 두 반지름이 원과 닿아 생기는 점과 점 사이의 부분을 '호'라고 한다. 중심각이 클수록 호의 길이는 길어진다.

남겼다. 그의 책《공기 역학》에는 100여 가지의 발명품과 장난감이 소개되어 있다.

헤론은 세계 최초의 증기 기관인 아에올리스의 공을 발명했다. 이것은 물을 끓여 양쪽에서 뿜어져 나오는 수증기로 가운데 있는 공을 빠르게 회전시키는 장치다. 공을 회전시키기 위해서는 양쪽에서 나오는 증기의 힘이 똑같아야 한다. 이러한 원리는 후에 증기 기관차나 증기선에 이용되었다.

또한 헤론은 바람의 힘을 이용해 연주되는 파이프 오르간도 발명했다. 바람의 힘으로 풍차를 돌려서 에너지를 얻는 풍력 발전과 같은 원리다.

이 재미있는 발명가는 세계 최초의 자동판매기도 만들었다. 상단 투입구에 동전을 넣으면 그 무게로 인해 마개가 열리면서 성수(聖水)가 나오는 구조였다. 점점 밑으로 내려가던 동전이 아래로 떨어지면 모든 장치가 원래대로 돌아가며 마개가 막힌다.

세계 최초의 자동문도 헤론의 작품으로, 그는 자동문을 신전에 설치해 사람들을 놀라게 했다. 물통과 연결되어 있는 재단 위에 불을 붙이면 그곳의 공기가 팽창되면서 물통에 있는 물이 넘쳐 양동이로 들어가게 된다. 양동이의 물이 무거워져 양동이가 기울어지면 거기에 연결된 선들이 신전의 문을 열 수 있게 고안된 것이다.

과학 박물관이나 놀이동산에 가면 볼 수 있는 분수와 사람이나 사물이 뚱뚱해 보이거나 뒤집어져 보이는 거울도 모두 헤론의 작품이다. 헤론은《반사 광학》이라는 책을 썼는데, 이 책에는 거울의 이론과 그 이론들을 응용한 내용들이 잘 정리되어 있다. 지금은 이러한 연구 결과가 거의 놀이동산에서만 이용되고 있으니 헤론이 참 섭섭해할 것 같다.

헤론의 공식

만물박사 헤론은 위대한 수학자이기도 했다. 지금 우리가 배우고 있는 수학에서도 헤론의 이론이 많이 사용된다. 다음 사각형의 넓이는 얼마일까?

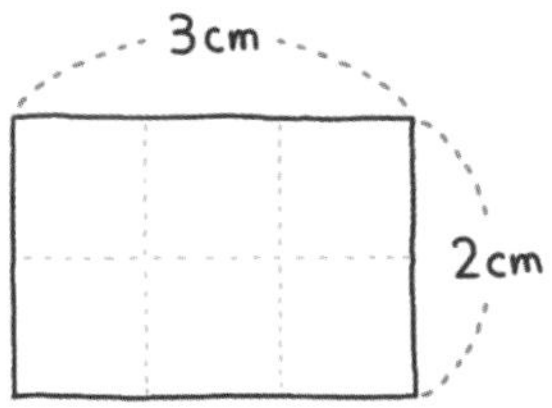

답은 6제곱센티미터다. 그런데 누군가 왜 6제곱센티미터냐고 묻는다면 뭐라고 대답해야 할까? 아마 우리가 교과서에서 배운 대로라면 1센티미터×1센티미터인 단위 넓이 1제곱센티미터가 6번 들어가 있기 때문이라고 대답할 것이다. 이렇게 넓이를 구할 때 작은 기본 단위로 나타내는 방법을 고안한 사람이 바로 헤론이다.

조금 더 어려운 내용을 살펴보자. 삼각형의 넓이를 구하는 공식은 헤론 이전에 이미 만들어졌지만, 그가 이름을 붙여 정식으로 책에 기록했기 때문에 '헤론의 공식'이라고 부른다. 다음 직각 삼각형의 넓이는 얼마일까?

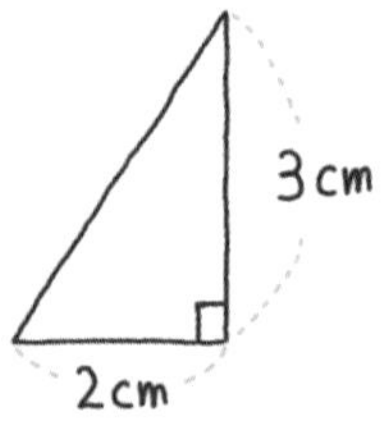

(밑변×높이)÷2를 하면 3제곱센티미터가 나온다. 그런데 만일 아래 삼각형처럼 높이를 알 수 없는 일반 삼각형의 넓이는 어떻게 구할까?

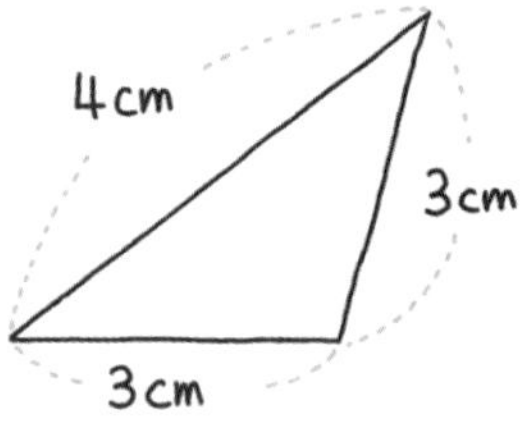

헤론은 이러한 삼각형의 넓이를 구하는 공식을 만들었다. 우선

삼각형의 각 변을 a, b, c라고 하자. 이때 $a+b+c$를 2로 나눈 값을 s라고 하면, 넓이는 $\sqrt{s\times(s-a)\times(s-b)\times(s-c)}$가 된다.

어떤 수 a를 거듭제곱해 x가 되었을 때, a는 $\sqrt{x}$이고 이를 x의 제곱근이라고 한다. 어떤 수를 두 번 곱하는 것을 '제곱'이라고 하는데, 어떤 수를 제곱해야 3이 될까라는 문제의 답은 $\sqrt{3}$으로 쓴다. 마찬가지로 $\sqrt{9}$는 3이 된다. 왜냐하면 9는 3×3이기 때문이다.

그러면 앞의 삼각형의 넓이는 얼마일까? 우선 $(4+3+3)\div2$를 하면 5가 된다. 그다음 공식에 대입하면 $\sqrt{5\times(5-4)\times(5-3)\times(5-3)}$이 되어 $\sqrt{5\times1\times2\times2}$가 되므로, 삼각형의 넓이는 $\sqrt{20}$이다.

수학 기호를 만든 디오판토스

헤론의 공식에서는 처음에 구한 $\frac{a+b+c}{2}$의 값을 s로 둔 다음 식 $\sqrt{s\times(s-a)\times(s-b)\times(s-c)}$에 대입해 풀었다. 그런데 이렇게 s라는 기호를 사용하지 않고 식을 쓴다면 어떻게 될까?

$$\sqrt{\frac{a+b+c}{2}\times\left(\frac{a+b+c}{2}-a\right)\times\left(\frac{a+b+c}{2}-b\right)\times\left(\frac{a+b+c}{2}-c\right)}$$

보기만 해도 복잡하다. 괄호로 묶여 있지 않았다면 더욱 복잡한 식이 되었을 것이다.

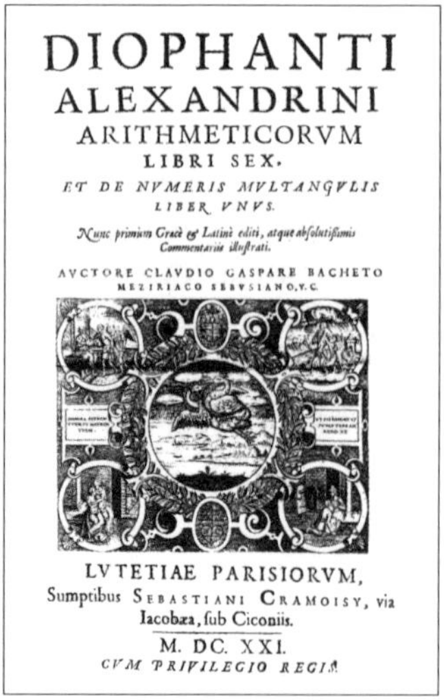

DIOPHANTI
ALEXANDRINI
ARITHMETICORVM
LIBRI SEX.
ET DE NVMERIS MVLTANGVLIS
LIBER VNVS.
Nunc primùm Græcè & Latinè editi, atque absolutissimis Commentariis illustrati.
AVCTORE CLAVDIO GASPARE BACHETO MEZIRIACO SEBVSIANO, V.C.
LVTETIAE PARISIORVM,
Sumptibus SEBASTIANI CRAMOISY, via Iacobæa, sub Ciconiis.
M. DC. XXI.
CVM PRIVILEGIO REGIS.

《아리스메티카》의 표지 디오판토스가 알렉산드리아에 머물면서 기존의 문제에 새로운 문제를 추가해 엮은 책이다. 원래 총 13권이었으나 전해 내려오는 것은 6권뿐이다.

디오판토스(246?~330?) 이전의 수학자들은 적당한 기호를 만들지 못했기 때문에 수식을 글로 풀어서 썼다. 디오판토스는 여러 가지 기호를 만들어 식을 간단하게 표현했다. 예를 들어 3을 세 번 곱한 것($3 \times 3 \times 3$)을 3^3이라고 간단하게 표현하는 것처럼 약자를 만들어 사용했다. 물론 그리스에서는 숫자도 그리스어로 썼으므로 지금과는 형태가 달랐다.

당시 그리스 사람들은 디오판토스의 기호들을 인정하지 않았다. 그러나 16세기에 이르러 그의 기호가 라틴어로 번역되면서 현재 우리가 사용하는 −, = 등의 기호 발달에 큰 역할을 했다.

디오판토스는《아리스메티카(산술론)》라는 총 13권의 책을 집필

했는데, 이 가운데 6권이 현재까지 전해진다. 이후에 페르마는 이 책의 내용 가운데 "주어진 제곱수를 두 개의 제곱수로 나누어라"라는 문제에 영향을 받아 페르마의 정리를 만들었다고 한다.

묘비에 새긴 수학 문제

디오판토스는 알렉산드리아에서 연구했다는 것 이외에 언제 태어났고, 언제 어떻게 죽었는지 알려져 있지 않다. 다만 그의 나이만은 알 수 있다. 수학자답게 수학 문제로 자신의 나이를 묘비에 새겨 넣은 덕분이다.

묘비에 새겨진 다음의 수학 문제를 보면서 디오판토스의 나이를 알아맞혀보자.

> 디오판토스는 일생의 $\frac{1}{6}$을 소년으로, 그 후 일생의 $\frac{1}{12}$을 청년으로 보내고 수염을 길렀다. 또 그 후 일생의 $\frac{1}{7}$이 지나 결혼해 5년 후에 아이를 낳았다. 이 아이는 아버지 일생의 절반을 살았고, 아버지보다 4년 일찍 세상을 떠났다.

디오판토스의 나이를 □라고 한다면, 다음과 같은 식을 세울 수 있다.

$$\frac{1}{6}\times\square+\frac{1}{12}\times\square+\frac{1}{7}\times\square+5+\frac{1}{2}\times\square+4=\square$$

조금 복잡해 보이지만 차분히 계산해보면 디오판토스가 84세까지 살았다는 것을 알 수 있다.

최초의 여성 수학자, 히파티아

히파티아(370?~414)는 그리스의 수학자이자 철학자였다. 노예와 여성은 철저하게 차별받았던 그리스 사회에서 히파티아는 훌륭한 수학 교사이자 과학자로 많은 연구 성과를 거두었다.

여성을 무시하는 사회에서 히파티아가 이렇게 훌륭한 학자가 될 수 있었던 것은 아버지 테온의 영향이 컸다. 아버지 테온은 알렉산드리아 도서관에서 일하며 학생들을 가르치던 교사이자 학자였다. 히파티아가 어렸을 때 어머니가 세상을 떠나자 아버지는 혼자서 그녀를 기르며 교육시켰다. 아버지는 그녀에게 수영, 말타기 같은 신체 단련뿐만 아니라 글을 읽고 쓰는 법, 수학과 과학 등을 가르쳤다.

히파티아는 알렉산드리아에서 아버지와 함께 수학 교과서를 수정하고 최신 수학 이론을 추가하는 등의 일을 했다. 이렇게 수정한 책을 당시에는 '주석서'라고 했으며, 히파티아처럼 책을 수정하는 사람을 '주석사'라고 불렀다. 히파티아의 책 가운데 가장 유명한 것

〈아테네 학당〉에 등장하는 히파티아 흰옷을 입고 정면을 응시하는 사람이 바로 히파티아다. 이 작품에 등장하는 54명의 학자들 가운데 유일한 여성이다.

은 학생들이 좀 더 쉽게 이해할 수 있도록 자세한 설명을 덧붙인 유클리드의 《원론》이다. 책의 내용이 워낙 훌륭해 그 후 수천 년 동안 학생들의 교과서로 사용되었을 정도다. 그는 디오판토스의 책을 수정하기도 했다.

폭넓은 학식을 갖춘 히파티아는 가난한 사람들을 대신해 정부에 그들의 입장을 전달하기도 하고 모든 사람을 친절하게 대해 많은 사람의 존경을 받았다. 그런데 5세기 초 알렉산드리아는 사회적으로 많은 변화를 맞이했다. 그 가운데 하나가 더 이상 학문을 중요하게 여기지 않는 풍토였다. 정치인들은 권력을 유지하는 데만 혈안이 되어 있었다. 이들은 히파티아가 지식인들과 모임을 갖고 가난한 사람들을 위해 앞장서는 것을 못마땅하게 여겼다.

결국 그리스도교와 유대교의 지도자들은 히파티아가 수학과 과학, 그리고 철학을 통해 사람들을 현혹한다고 비난했다. 그러던 어느 날, 대학으로 강의하러 가던 히파티아는 폭도들에 의해 처참하게 살해되고 말았다. 소동은 곧 잠잠해졌지만, 히파티아를 죽인 범인은 처벌받지 않았다고 한다.

히파티아가 죽자 많은 학자가 알렉산드리아를 떠나 아테네나 다른 도시로 옮겨 갔다. 그 후 분노한 시민들은 대학 건물에 들어가 도서관을 파괴하고 많은 책들을 불태웠다. 알렉산드리아는 이렇게 학문의 중심지로서의 위치를 잃어갔다.

그리스 수학의 종말

그리스는 기원전 146년부터 로마의 지배를 받기 시작했고, 기원전 27년에는 로마에 완전히 편입되었다.

노예를 이용한 농업으로 경제 발전을 이룬 로마는 그리스 사람들에게 무거운 세금을 부과했지만, 그리스 사회에 간섭하지는 않았다. 그래서 그리스의 학문은 어느 정도 유지되는 듯했고, 당시 가난한 사람들을 중심으로 그리스도교가 빠르게 전파되었다.

하지만 노예 시장이 쇠퇴하면서 로마의 경제도 악화되었고, 그와 함께 과학과 수학의 수준도 떨어졌다. 이러한 사회 분위기 탓에 알렉산드리아의 학자들은 더 이상 창조적인 연구를 하지 않게 되었다.

그러던 중 그리스도교를 믿는 민족과 다른 종교를 믿는 민족 간에 싸움이 벌어졌다. 결국 641년 알렉산드리아는 아라비아 사람들의 손에 넘어갔다. 아라비아 사람들은 그리스도교인들의 유산인 알렉산드리아의 문화재와 책을 마구 파괴하고 불태웠다. 그리하여 영광스러웠던 그리스 수학도 길고 긴 역사의 막을 내리게 되었다.

수학이 풀리는 수학사 1 **고대**

수와 도형, 세계에서 가장 오래된 공용어

1판 1쇄 발행일 2008년 7월 3일
2판 1쇄 발행일 2012년 6월 11일
3판 1쇄 발행일 2021년 3월 8일
3판 2쇄 발행일 2022년 3월 28일

지은이 김리나

발행인 김학원
발행처 (주)휴머니스트출판그룹
출판등록 제313-2007-000007호(2007년 1월 5일)
주소 (03991) 서울시 마포구 동교로23길 76(연남동)
전화 02-335-4422 **팩스** 02-334-3427
저자·독자 서비스 humanist@humanistbooks.com
홈페이지 www.humanistbooks.com
유튜브 youtube.com/user/humanistma **포스트** post.naver.com/hmcv
페이스북 facebook.com/hmcv2001 **인스타그램** @humanist_insta

편집주간 황서현 **편집** 김해슬 이성근 **디자인** 유주현 **일러스트** 왕인희
조판 홍영사 **용지** 화인페이퍼 **인쇄·제본** 정민문화사

ISBN 979-11-6080-577-2 43410